Driving Mechanism
ドライビング・メカニズム

運転の「上手」「ヘタ」を科学する

黒沢元治

ポルシェ959の認証タイヤとして
ブリヂストンRE71が認められるま
で、私とブリヂストンの担当者は
何度、このニュルブルクリンクに
通ったことか。ここで得たノウハ
ウは、後々大きな糧となった。
（写真提供：ベストモータリング）

keiso shobo

タイヤやクルマの動的性能を見るには、ドイツのニュルブルクリンクのオールドコースが最適である。これはブリヂストンの高性能タイヤ開発テストでポルシェ・カレラ2を私がドライブしているところ。
（写真提供：ベストモータリング）

1973年には日産ワークスを辞め、ブリヂストン・タイヤから強力なサポートを受けてヒーローズレーシングに移籍した。その年の日本グランプリではマーチ722/BMWで優勝し、国内最高峰だったF2000シリーズのタイトルも手に入れた。
（写真提供：モータリング・プレス・サービス）

1969年10月10日に行われた日本グランプリにニッサンR382でエントリー。6キロの富士スピードウェイを120周、720キロをひとりで走りきり優勝した。6リッターのV12気筒から600馬力を捻出、谷田部高速試験路でテストした際には最高速度360キロをマークした怪物マシンだった。
（写真提供：モータリング・プレス・サービス）

若い読者の方はご存知ないだろうが、私は1965年に四輪ドライバーに転向した。日産のワークス・ドライバーとして国さん（写真左の高橋国光氏）と組んで走ったこともあった。テストでクルマが壊れれば次から次へとクルマを手渡され、休む暇なく走らされたものである。
（写真提供：モータリング・プレス・サービス）

『ベストモータリング』は、ドライビングからインプレッションまですべて映像として流れるため、ドライバーにはシビアなビデオ媒体である。それだけに常に全力で取り組んでいる。
（写真提供：ベストモータリング）

1984年にデビューしたブリヂストンの高性能タイヤがポテンザRE71である。サーキットから生まれたタイヤを、故郷であるサーキットで存分に楽しんでもらおうという主旨で開催しているのがポテンザ・ドライビング・レッスン。
（写真提供：PDL事務局）

プロローグ

今、なぜ
ドライビングの
「理屈」なのか

本書を手に取られた皆さんの多くは、クルマの運転に興味があり、かつ上手になりたいと思われているに違いない。レーシング・ドライバーであり、著名な自動車評論家でもある、かのポール・フレールの名著『ハイスピード・ドライビング』をはじめ、多くのドライビング解説書を読まれたり、ビデオテープを購入されたり、実際にドライビング・スクールに足を運ばれた方々もおられるであろう。

私は、これらの多くに携わった経験を持つにもかかわらず、これまでの方法に疑問を持たざるを得なくなっている。なぜなら現在の解説書は内外を問わず、技術論に終始していることが問題だと考えるからである。ステアリングの握り方、正しい運転姿勢、シフトダウン、ヒール&トウの方法等々、対象とするドライバーの技量によって取り上げられるテーマこそ違うが、いかにクルマを操作するべきかに終始している。「なぜ、どんな理由によりそうすべきか」の解説と人間の生理的限界に関する言及が欠落している。

人間は往々にして技術に溺れるものである。スキルの向上にストイックになりがちだ。電光石火のシフトダウンの技術を身につけたとしても、その必要がない場合には無用の長物と化す。理論といって大げさなら、電光石火のシフトダウンをする理由を知るべきだと思う。

雪道と乾燥路では、路面のミューが違うという理由を誰もが知っているからスピードを落として走る。人間は理屈が分かると危ないことは自然にしなくなるし、上達も目に見えて早くなる。

現役レーシング・ドライバーの時代から、どうもドライビングには〝理屈〟があるように感じていた。ただ当時、これを言葉にするのは競争相手に塩を送る行為でもあり、結果として速ければよかった。

その後十数年にわたりタイヤの開発に携わる機会を与えられ、タイヤとクルマの関係について大いに学ぶことができた。運転中に得られた情報がタイヤに起因するのか、クルマが原因なのかも見分けられるようになったと思う。

日本のタイヤメーカーの開発・製造技術が世界に伍しうるものだと認められた出来事は、一九八六年六月、ポルシェにブリヂストンのＲＥ71タイヤが純正装着された時点に始まる。

ポルシェやメルセデスのテスターといえばマイスターと呼ばれる程で、世界の自動車業界でも超がつく一流であるが、彼らがテストの中間報告として、「リアのスタビリティが一気に失われ、このタイヤは駄目だ……」とレポートしてきた。絶対の自信を持って送り出しただけにショックは大きかった。私が再テストを行い、タイヤではなくテスト車両に問題があるという結論を出した。彼らも別のポルシェ928でテストを繰り返し、私達の結論を認め、採用に至った経験がある。

開発者の一員として、大いに自信と確信を手にした瞬間だった。

同時期、開発途中のクルマにも乗る機会が増えてきた。プロ同士の会話だから、嚙み砕いた細かな説明なしでも理解に差はない。しかし、一大転機というべきなのだろう、本書を執筆するきっかけが待っていた。

一九九〇年、ホンダがリリースしたミッドシップ2シーターのスポーツカー、NSXの登場がそれだ。翌年から「NSXオーナーズ・ミーティング」が開催されるようになり、ドライビング・スクールの講師の任を仰せつかることになったのだ。

それまでも、ブリヂストンの「ポテンザ・ドライビング・レッスン」などで講師経験は豊富であったし、それなりの自信を持っていたのだが、今回は相手が違う。レーシング・ドライバー志望までを含む若者達から、中・壮年の大学教授、医師、弁護士、会社役員といった、感覚的に「なんとなく分かった、後は走り込みで身につける」ではすまされない、あくまで理論的な整合性を求められる相手に様変わりしたのだ。

これは「言葉にする」という意味では、大いに啓発され勉強させられた機会であったし、彼らからは、神経の伝達速度をはじめとする、人間の生理現象のドライビングへの介在、などの知識を得ることにもなった。

2輪のレーサー時代を含めると四〇年以上、多くの与えられた経験の中で芽生えていた〝走りの方程式〟の〝解〟を、今、得たように思う。点と点が結ばれ、線となり、ドライビングを「科学」できたと表現してもいい。

本書にはそのすべてをぶつけたいと思う。サーキットにおいては速く、一般道においては安全かつ快適に走れるようになることを望むが、それよりもクルマを操るという行為の、限りない興味深さと楽しさを発見してもらう一助になれば幸いだと思っている。

目次

第3章◉　サーキットを走って考えるドライビング理論

第1章

なぜクルマの運転は人を魅了しながらも、危険なのか

なぜクルマの運転は楽しいのか

人類が生み出した工業的生産物で、クルマほど人間を虜にしたものはないのではなかろうか。新聞報道によると、グーテンベルグの印刷機が人類最大の発明とされたらしい。知識、情報の普遍化、平等という意味ではその通りであろうが、人を魅了したという点では、コンピュータと並び、クルマは二〇世紀に開花した最大の発明の一つに間違いない。耐久消費財でクルマほど高価なものはないにもかかわらず、世界中に七億台近くが走り回っている。トラックのような商用車あるいは軍用車のように、運ぶという機能、利便性だけでこのような大ヒット商品になったとは思えない。なぜなら、七億台の内五億台が乗用車であり、つまり個人が個人的な理由で所有しているもののほうが圧倒的に多いからだ。

なぜなのだろうか。

クルマの発祥はご存知のようにヨーロッパである。そのヨーロッパは、近世以前は城郭都市群から成立していた。人々はその都市内部で生活することが領主によって義務づけられており、自由に移動することは夢また夢であった。産業革命以降、移動の自由を手にした人々が、その手段としてクルマを狂喜乱舞して受け入れたことは想像に難くはない。列車にはない個人的な移動の自由が許されるし、馬車に比べても圧倒的に速く、生き物を飼う不都合さからも解放されるからだ。

それだけだろうか。私はもう一つの大きな理由が存在すると考える。クルマの誕生は一八八六年、カール・ベンツが3輪のガソリン自動車を発表した時とされているが、今から一〇〇年以上遡るこの一九世紀の終わりには、すでにクルマは時速四〇キロ以上を実現していた。(注:一八九七年製、ダイムラーの九馬力、フェートン)

これは人間の能力を遥かに超えるモノだ。クルマという存在は、人間の移動する能力を大幅に拡張してしまったモノである点に、人々をここまで虜にした最大の理由が潜んでいるように思われる。これは飛行機も同じだと思う。ライト兄弟が、そして大西洋無着陸横断を初めて成し遂げたC・リンドバーグが英雄になったのも同じ理由だろう。しかし、一般の人々が購入し、利用し、そのメリットを享受できたのは飛行機よりもクルマの方が遙かに大きかった。

と同時に、人間の能力を超えるものを制御するが故に失敗がついてまわることも魅力を倍増したのではないだろうか。極めて不穏当な表現であることを認めるが、クルマを運転することは〝命がけ〟の部分があり、死と直面している行為であるがために、それを上手に操作、運転することに成功するなら達成感は大きいに違いないからだ。

移動の自由を主張するとき、同時に自分自身そして社会の安全を守る義務も発生する。そんな個人の〝権利〟行使と〝義務〟の遂行がセットになった行為、それがクルマの運転であるからこそ、ヨーロッパという自由主義の本家で市民権を得たのだといってしまうといい過ぎだろうか。

なぜクルマの運転は難しいのか

クルマの運転はなぜ難しいのだろうか。人間の能力を超えたモノだから、という命題はすでに述べたが、この点をもう少し分析してみよう。

運転免許の有無にかかわらず、人は誰でも経験とその積み重ねとでもいうべき状況判断をしながら生きている。これに異論を挟む人はいないであろう。例えば、泥道を歩いて足を取られた経験をしたり、雨の日に自転車で転んだりすることで、この場所あるいは状況では「滑るであろう」という予測ができるようになる。これらは経験から得る予測値と呼んでもよく、滑らないように注意を払いつつ歩いたり、自転車に乗ったりするようになるのである。実際に体験するのではなく、例えば親から注意されて知識化する、つまり伝聞によって得られる予測値も同様に考えて間違いない。

そして人間は、クルマに乗り始めたときにもこれらの経験を応用し予測しながら運転をする。段差のある道や雪道、砂利道では、自然にスピードを落とす。雪道を例に挙げれば、砂漠に住む人はともかく、日本人や欧米人ならクルマを運転する年齢までに、雪道は滑るという経験あるいは伝聞を得ている。段差がある道をアクセル全開で突破しようとする人は少ない。段があれば少なからず動きに変化が起こるであろうことは、何らかの過去の経験で知っているからだ。

ここで問題になるのは、クルマには人間の経験に基づく予測を大幅に超えた〝力〟があるということだろう。その〝力〟とは何なのか。

最も大きな相違点は、移動することにより発生する運動質量と、運動慣性力である。

一トンを超える重さと共に移動すること、また速度の二乗に比例して慣性力が増し、瞬時にして停止することができないことが問題となる。この二つの点が歩行や自転車に乗ることに比べて大きくかけ離れており、経験値が乏しいと予測の範囲を逸脱してしまう。アクセルを踏めば踏むほど、つまり未知の速度に達するほど、この〝力〟は加速度的に大きくなる。

これらについては、歩行や駆け足、自転車での経験からでは的確な予測ができない。馬でさえ、実際には一馬力はないという。ましてや人間は、十分の一馬力すらないだろう。したがって、人は自動車を運転するために、また新たな経験を積まなくてはならないのである。

極端な例を挙げれば、初めて運転免許を手にしようとする人と、タイムカプセルから出てきた江戸時代の人は同じである。教習所に行きさえすれば両者とも免許を取ることができるだろう。しかし、時速一〇〇キロを超える世界を自ら経験していない点ではまったく同じなのである。

過日、アメリカで六歳の男の子がおもちゃのクルマでフリーウェイに入ってしまったというニュースが報じられていた。彼にしてみれば、〝クルマ〟だから当然フリーウェイを走る権利があると思ったのだろう。動くということは同じでも、彼もまた、本物のクルマが持つ運動質量や運動慣性力について経験がなく、その危険性を認知していない点では運転の初心者と大差はないのである。

免許を取り立ての人は、物理的な運動質量、慣性力に関する経験がない。そして何より、その怖さを知らない。それをより深く知るには、理屈を知り、トレーニングする以外に方法はないのである。

運転に必要なのは的確な予測、そして認知・判断・操作のエンドレスな行為

トレーニングする、ということはどういうことなのか。

初めてサーキットを走ると、どこでブレーキを踏んだらいいのかが予測でき

ず、大半の人はコーナーの手前で止まってしまう。または、逆に踏み遅れてコースアウトしてしまう〝勇敢〟な人もいる。

これは初心者に限らず、サーキット走行の経験があったとしても、クルマが替わると同じである。私の息子の黒沢琢弥は、フォーミュラ・ニッポン（傍線は巻末に用語解説あり）からアメリカのCARTレースに転出したレーシング・ドライバーだが、初めてF1をテストする機会を与えられた際、フォーミュラ・ニッポンのマシンと同じ感覚でブレーキを踏んでしまい、コーナーの手前で止まってしまった。ブレーキシステムの性能、車重、ダウンフォースの違いなどによるのだが、初めて乗るクルマでは、予測が狂い操作を誤ってしまうという好例であろう。

しかも、その誤差は経験値によって大きく異なる。未経験者の誤差はとんでもなく大きな事故に直結してしまう。それが、予測に対する経験の量の違いなのである。後述するが情報入手量の違いともいえる。

経験を積んだドライバーが、ドライビングを行う場合は、多くの情報をもとにした予測から始まる。そして、認知・判断・操作を行うのである。

運転免許証更新時の講習でも同じ言葉が使われてはいるが、その意味は、歩行者や信号の確認であり、それに対する判断と操作である。つまり、目で見たことに対しての認知・判断・操作に終始してしまっている。

私が述べたいドライビングにおける認知・判断・操作というのは、警察のいうそれとは全く異なる。

トレーニングを積んだドライバー達は、目だけで情報を入手し、予測を行っているわけではない。目による情報入手だけではなく、絶えず身体全体でタイヤからの情報を取り、それらを総合して予測を行う。そしてその予測に対して大脳で判断し、脊髄周辺の筋肉を中心に腕や指先、足を動かす。それで終わるのではなく、操作の結果に対し、それが適切であるか否かを再度判断、確認を行う。認知・判断・操作、それらを様々な組み合わせによってエンドレスに繰り返し行っているのである。

トレーニングの第一番は、情報をより多く入手することである。第二には入手した情報をもとにした予測能力を高めることである。これら二つはトレーニング、つまり経験を深めるほど大きくすることができる。

経験の浅い人ほど、目からの情報入手に頼る割合が大きい。それに対して、経験を積んだドライバーは、身体全体で情報を入手することができ、その上で認知・判断・操作を繰り返してドライビングしているのである。

私自身の一例を挙げよう。ブリヂストンのタイヤテストはしばしば夜間のサーキットで行われる。その際私はライトを消して走ることが多い。ライトがあったとしても高速走行では周囲を見ることができるわけではなく、大して役には立たない。それでも昼間とラップタイムは変わらずに走ることができるのである。

真夏の祭典、鈴鹿８時間耐久の２輪のレースでも同じことがいえる。チェッカー・フラッグを受ける午後七時三〇分にはわずかな照明設備があるとはいえ、コースの大半は漆黒に包まれている。それでもライダー達は、自分のマシンのライトだけで昼間と変わらない速度で疾走している。学習すればするほど、目から得る情報の占める割合は少なくなり、かわりに身体全体で得る情報が中心となるのである。

こんなことができるのは、ドライバーやライダー達がコースレイアウトを熟知しているからだけではないし、読者の方々に一般公道で試されても困る。目からのみの情報に頼ることの危険性を、逆説的に伝えたいだけである。

以前、ル・マン24時間レースを観戦した際、フランスのシャルル・ド・ゴール空港まで、自動車評論家の徳大寺有恒さんがメルセデスに乗って迎えに来てくれた。ル・マンまでは私が運転することになり、始めはおとなしく運転していたものの、そこはパリの高速道路。左右から抜かれる。『郷に入っては郷に従え』ということで速度をアップした。もうその頃には、夕暮れ時を過ぎ、ライトをつけてもはっきりとは見えにくい。でも交通の流れをリードする速度で目的地まで走りきった。徳大寺さんは、「よくこんなに見えない初めての道路を全開で走れるものだ……」、と感心しておられたが、私にとっては通常の速度で走る以上のリスクは犯していない。知らない道であっても全身でステアリング・インフォメーションを把握し、判断・操作しただけである。

経験を積んだドライバーにとって、目から入ってくる情報のみを頼りにドライビングすることはありえない。目からの情報が何パーセント必要かといった数値化はできないが、断言できるのは、経験の浅い人達が、必死で目からの情報のみで運転している状況は、とても浅く少ない情報だけに頼っている危険な行為だということである。

黒沢流のドライビング理論とは

これまでの話をまとめるなら、クルマを運転するという行為は、クルマと運転者とのインタラクティブな情報交換だともいえるだろう。実感してもらえないかもしれないが、クルマからの情報が途絶えると、運転は極端に困難になるものだ。

先日、鈴鹿サーキットで著名な自動車専門誌の編集長が笑い話を提供した。ホンダＮＳＸを動かそうとしたのだが、クラッチのミート・ポイントが彼の想像より手前だったのだろう。イメージしていたよりも早くクルマが動いてしまった。しかもギアを入れ違えたのか、バックするはずが前進して、前に立っていた人のお尻を軽く突っつくことになった。幸い大事には至らず、「あの運転上手が……」、という笑い話で済んだのだが、この〝事故〟の原因には以下に述べる核心的な問題が潜んでいると私は思う。

クルマが動いていない時、つまり情報が入ってこないと運転は極めて難しいものなのだ。一般的には苦手な方の多いバックであっても、クルマが動いてさえいればステアリングを切る方向や「これは速すぎるな」といったスピードは感覚的に理解できる。

運転とは、レーシング・ドライバーから教習所を卒業したての人まで、すべての人が様々な情報を入手・認知・判断しながら行っている操作である。そして、クルマは動いてから初めて情報を発信する。止まっているクルマからは一切運転に必要な情報は入ってこない。クラッチがミートして初めて、エンジンの回転数が高すぎてホイールスピンしたり、逆に回転が低すぎストールさせてしまうといった情報が入ってくる。ブレーキにしても、ロックさせたとか、コーナーに突っ込みすぎた、という情報は、ブレーキパッドがローターに当たり、タイヤにブレーキング性能が伝達されてから、やっと入ってくる。

この点は、充分に頭に入れておいて欲しい。F1ドライバー達といえどもスタートを失敗したり、ブレーキをロックさせてしまうのは、これが理由だからだ。情報がない中で行うドライビングはスタート時のクラッチミートと、ブレーキの踏み始めである。いかにF1ドライバーといえどもこれは相当に難しい行為である。

クルマをスタートさせることは運転が未熟な人ほど難しく、緊張を強いられる行為となる。ステアリングの向き、動き出す速度は自分の少ない経験に頼るしかない。しかし、少しでも動けば情報が入って来るため修正ができてしまうものだ。

私のドライビング理論からすれば、ステアリングを一〇時一〇分の位置で握るなどという行為は重要ではない。極論すれば、どう握ろうが、足で動かそうが、ステアリングの動きが理論に合致してさえいればいい。

M・シューマッハーが鈴鹿の第1コーナーをこう攻める、などという解説は興味深いものであっても、運転の上達には「百害あって一利なし」だ。彼と同じ状況、同じフェラーリで第1コーナーに進入する時だけには参考になるだろうが、自分がステアリングを握る際には何の参考にもならないからだ。なぜなら、タイヤの状態を含めたクルマや路面の状況によって、ベストとされる運転は刻々と変化するのだから。

クルマというものはタイヤでしか路面と接地していない。そのコンタクトフィールから情報をいかに汲み取るか、そして後述するが、人間の生理的に避けられない遅れを先読みし、いかにクルマの運動性能と人間の生理的限界を超えない範囲で走らせるか。クルマの運動性能の限界というものを理論的に知るならば、一般道では安全運転に、そしてサーキットでは安定した好ラップタイムにつながるだろう。

これからお話する私のドライビング理論とはそういったものだ。

第2章

黒沢流ドライビングを理解するための基本エレメント

スポーツ・ドライビングを構成する要素

ここで展開したい私流のドライビングの解説は、町中の安全走行にもちろん寄与するものだと確信している。クルマという重量を持ったモノをいかに制御するか、そのエレメントの根本に触れたいと考えているからだ。しかし、具体的な事例はサーキットを代表とする、高速度走行時におけるものになる。速度の二乗に比例して増大する運動慣性力を制御するという大テーマを理解するには、高速度走行が最も良い教材となる。いかに「安全」に「速く」「楽しく」走るか、それを追求するという意味では「スポーツ・ドライビング」を実現するための「ドライビング・メカニズム」を科学する書だと考えていただきたい。

「スポーツ」という言葉の語源は、中世ラテン語の「disportare（向こうへ＋運ぶ）」で、「兵役等の免除、娯楽を意味した」という。元々が移動を意味している言葉のようであり、最大の役務からの免除が転じて娯楽を意味するようになったという（「大百科事典」平凡社刊）。フランス語を経て英語となり、一五世紀に頭音が消失して「sport」となった。一九世紀にはこれがドイツ語、フランス語にも入り、現在は世界共通語として広く使われている。

私が使う「スポーツ」は、これに現代的な要請である「安全」を加えたものだと考えていただきたい。「速く、楽しく、安全に走る」、これを実現するには理論を理解し、トレーニングを必要とする。

それでは、まず「ドライビング・メカニズム」を構成する要素を一つずつ説明していきたい。聞き慣れない言葉もあろうが、極力理解しやすいように説明しよう。

取りあげる要素は次の項目である。

1　ステアリング・インフォメーション
2　神経の情報伝達速度
3　クルマの情報伝達速度
4　時間軸を加味したステアリング・インフォメーション
5　摩擦円の基本を考える
6　荷重移動と荷重変動

7　スリップ・アングル
8　タイヤの発熱
9　ステアリング・インフォメーションを距離で考える
10　コーナリング・ラインは正円の連続

ステアリング・インフォメーション

近未来に登場するであろう自動運転のコミューターをクルマと呼ぶべきかどうかは別として、人間がクルマを運転する限り、そこにはドライビング理論が必ず介入してくる。強い社会的要請である安全を確保する意味でも、ドライビングする喜び、楽しさを追求するためにも、理論を知ることが王道であり、一番の近道だからだ。

最初に述べたいのは、クルマが発する情報をキャッチすることだ。プロのレーシング・ドライバーであれ、初心者であれ、スキルの差こそあっても何かをクルマから感じて運転していることに変わりはない。その何かを、ステアリング・インフォメーションと呼びたい。

ステアリング・インフォメーションということばを直訳しても、意味するところは見えてこない。「ハンドルから得られる情報」ではなく、英語のSteerの第一義が「(船、自動車、飛行機)などを操縦する」(『現代英和辞典』研究社刊)であるように、クルマを運転することによって得られる情報すべてを含んでいる。

タイヤの開発過程では、ステアリング・インフォメーションとは三〇数項目の情報を意味する。例えば、アンダーステアの量、オーバーステアの量、操舵力、保舵力、レスポンス、プレシジョン(正確さ)、グリップの高さ、全速度域でのスタビリティ、さらに高性能タイヤの場合は、高速時にアクセルを離した際のクルマの安定性、同じく高速時のスイニング(リアタイヤのスタビリティ)量なども重視される。いずれにしても、タイヤ開発の目的に応じて、三〇数項目の情報を分析し、評価・開発を続ける。

もちろん、これはプロの世界での話だが、一般の人も無意識のうちにタイヤから情報を得てドライブしていることに変わりはない。雪道は滑りやすいとか、ゴツゴツした乗り心地がするといった感じ、パンクに気が付くのもすべてタイヤからの情報によって判断しているのである。

主にタイヤから情報を得ること、その情報すべてがステアリング・インフォメーションであり、その情報をもとにして運転するべき、と考えるのが私のドライビング理論である。

ステアリング・インフォメーションという言葉を日本で最初に使い始めたのは私だと思う。

一九八六年、ブリヂストンのRE71タイヤが初めてポルシェのOEMタイヤに承認された時、開発責任者だった川端操氏（現ブリヂストン、タイヤ開発第二本部長）と、ポルシェに対して「このRE71をどう説明しよう」と話し合ったことがある。そのとき出した結論は「路面と対話しやすいタイヤ」であった。これを説明したところポルシェからは、「それはステアリング・インフォメーションが得やすいタイヤであり、ポルシェが求めているものだ」という表現が返されてきた。それ以降、ステアリング・インフォメーションという言葉を私が使い始め、今や誰もが使うようになった。

神経の情報伝達速度

　タイヤからの情報を主とする、ステアリング・インフォメーションをもとにしたドライビングをすべきと書いたものの、人間はその情報を現象の発生とリアルタイムで手にできるものではないらしい。

　人間の生理的限界、知覚神経の情報伝達速度が関係してくるからだ。

　脳に情報を伝える末梢神経の神経繊維は大別して三種類ある。そのうち触覚や振動覚を伝える知覚神経は太く、髄鞘を持ち、伝導速度は比較的速いとされている。それでも秒速六〇〜一二〇メートルだという。温度や痛覚を伝える神経は細く、伝導速度は秒速三〇メートル以下である。音波の伝搬速度が秒速三四〇メートルだといわれるから、こだまの現象を考えてみても、神経の伝達速度は決して自然界では速い方とはいえないだろう。

　タイヤから伝達される情報の多くはお尻から伝わり、その末梢神経を経て最終的には大脳で判断を下す。よく耳にする反射神経が鈍いから運転が下手だという話は、この理論からすると当てはまらない。反射神経といわれているものは大脳で判断するのではなく、その途中の脊髄で反応しているからだ。例えば、お湯の入った熱い鍋を触ってしまい、とっさに鍋を離してお湯がこぼれ大やけどをする。これが典型的な脊髄反射の場合といえるだろう。大脳で判断するということは、鍋を離してしまうと大やけどをするからどこかに安全に置こう、とすることだ。釘を踏んで、とっさに逃げるのは反射神経、とっさに逃げるともっと大変なことになると判断するのが大脳支配の考え方となる。反射神経と呼ばれるものと、大脳での判断はそこに大きな差がある。

ドライビングは脊髄反射で行ってはいけない類のものだ。軽自動車でも一トン近く、大型の乗用車では二トンを超えるものすら存在する。こんな重量物が速度を伴って移動しているわけで、結果を考えない脊髄による反射神経だけの〝判断〟では、まさに走る凶器と化すからだ。

大脳で判断するとなると、神経の伝達速度が関係してくる。計算をしてみよう。知覚神経の情報伝達速度を秒速五〇メートル、お尻から大脳そして筋肉までの往復の距離、つまり知覚、判断、行動するまでに必要な神経の長さを一メートルと仮定すると、〇・〇二秒のタイムラグが発生する。時速一〇〇キロで走っているなら、その間に五五センチ以上すでに移動してしまうのだ。

人間がどうしても生理的に避けられないタイムラグがあることを理解して欲しい。クルマを瞬時瞬間にコントロールすることは、最初から不可能なのだ。

クルマの情報伝達速度

クルマにも情報を伝達するために必要な時間がある。

先に述べた人間の生理的限界に対して、クルマの構造上の限界も存在するということだ。乗用車の場合、ゴムのタイヤ、サスペンションのラバーブッシュ、バネとダンパー、ボディの剛性（しっかり度合い）、高級車になると振動を抑えるためにサスペンション・アクスル・コンプリートをラバーマウントでフローティングするなど、情報の伝達を途中で遅らせたり減衰させる要素が多い。ラバーを介在させると振動が減少することは理解が容易だ。ステアリング・インフォメーションは多くの場合振動エネルギーなのだが、これがラバーの収縮によって熱エネルギーに変換される、あるいは短い周期の振動が長い周期の振動に変換される。熱エネルギーはステアリング・インフォメーションとしては伝わらないし、長い周期の振動では、正確で短時間の情報伝達は達成されない。

そもそもタイヤそのものがラバーを主材料としており、たわむことでエネルギーを放出してしまっている。さらに言及するなら、国産車のほとんどのシートはウレタンの一体成形で作られている。これもまた情報伝達を遅らせる要素といえる。

レーシングカー、それもフォーミュラカーと乗用車を比較するとよく理解してもらえるだろう。

フォーミュラカーのモノコックはカーボン・コンポジット製で剛性は圧倒的に高い。サスペンションもバネ・ダンパーが装着されているとはいえ、硬くストロークも少なく、乗用車に比べればほとんど動かないといってもいい。乗用車のラバーブッシュにあたる部分は、金属製のピロボールで、曖昧さは圧倒的にこれまた少ない。ラバーを使用している部分は一切ないといっていい。シートもホールド性向上のために詰め物はあるものの、カーボンの上に直に座っているようなものだ。

なぜなのか。Ｆ１は一時間以上三〇〇キロ程の距離を急加・減速、そして強烈な左右Ｇと戦わなければならない過酷なレースだ。乗り心地が良い方がドライバーの疲労は少ないはずだが、それよりもステアリング・インフォメーションの獲得、それも可能な限りタイムラグのない入手を優先しているからなのだ。

機械的に測定をしたことはないのだが、長年にわたって養ってきたプロのドライバーの勘を信じていただけるなら、情報の伝達には人間の生理的限界にクルマの構造上の限界を加えた結果、普通のセダンの場合、約〇・〇五秒は必要だと思っている。

つまり、前項で述べた神経の伝達速度に起因する生理的な遅れが〇・〇二秒、それにクルマの構造的な理由によるものが〇・〇三秒加わるということである。この数字は決して絶対値ではない。スポーツカーであればこの数字より小さな値となろうし、乗り心地に車両設計の重きを置くクルマになればなる程、この値は大きくなる。

高級車の場合は、人間とクルマの伝達速度を合わせ〇・〇七秒程度、ホンダＮＳＸのようなスポーツカーでは〇・〇四秒といったところだろう。

時間軸を加味したステアリング・インフォメーション

自分で使い始めたステアリング・インフォメーションという言葉だが、そこに時間の要素を加味することをしてこなかった。

これまで述べたように、情報の伝達速度の制約を考えるなら、ステアリング・インフォメーションを入手し、操作を完了するまでのタイムラグ（T）は、人間の生理的限界による制約時間（A）、クルマの構造的制約時間（B）の合算、T＝A＋Bとなる。

人間はタイヤの中にいるのではなく、シートに座っている。タイヤに潜ることができれば、クルマの情報伝達に要する時間は限りなくゼロに近づき、人間のそれだけですむ。しかし、シートに座っている以上、A＋B≒〇・〇五秒程度を受け入れざるをえない。

しかし、ドライビング操作というのは、結果的には遅れてはならない。オンタイムであることが要求される。

理由は二つある。操作が遅れることは〇・〇五秒過去の現象に対応しているにすぎず、最良の対応ではありえないことが最初の一つだ。

時速一〇〇キロで走行しているとすれば、〇・〇五秒の遅れは、一・三九メートルすでに過ぎ去った路面や事象に対してクルマを操作しているにすぎない。

さらに重要なのは、その間に慣性力が働くことだ。クルマは慣性物体であるため、ある方向に勝手に動く時間が生じていることになる。慣性力は速度の二乗倍で計算されるから、速度が高いほどやっかいな問題となる。操作が遅れるほど慣性力は増幅し、クルマは無駄な動きを大きくし、ついにはコントロールできない状態にいたる。だからタイムラグがゼロであることが望ましく理想なのだ。

かといって早めの操作には何の意味もない。右コーナーに進入するのに、カウンターステアが必要かもしれないと思い、始めから左にステアリングを切る人はいないし、これではコーナーに入ることすらできない。だとすれば、A＋B＝〇・〇五秒程度の誤差をいかにしてオンタイムに近づけるのか。過去の経験や情報から推察してドライビングすること。次はこうなってしまうだろうという予測をしながら操作することが重要になる。

Ｆ１ドライバーのような、世界でも選りすぐりの人達でも、なぜあれほど練習を重ねるのか。予測のためのデータを集めるためだ。

レーシングカーはサーキットを走り込むほどタイムが向上してくる。ラバーグリップと呼ぶが、路面にタイヤのラバーが熱着してミューが高まるからだ。そんな走行中の路面状況の変化、ウイングの角度を一度変えた時のダウンフォースの違い、そんな微細ともいえる変化をドライバーとチームがデータとして共有し、それに適切に対応できるようドライバーはトレーニングを重ね、チームはマシンを仕上げていく。

彼らのようなレベルのドライバーなら、よほど特別な要因が発生しない限り、予測したものに対して限りなく一〇〇％に近くクルマは動いてくれているはずだ。故アイルトン・セナのステアリング・ロッド折損（係争中なので断言はできないが）や、前の周にはなかったオイルなど、よほどの条件変化がない限り、プロのレーシング・ドライバーはクルマの動きを一〇〇％予測して走っている。

一般の方も程度の差こそあれ、予測をもとに運転している点では同じである。

私はメルセデス・ベンツを高く評価するが、その理由はまさにこの情報伝達の速さと正確性にある。言い換えれば、ごく一般の方が安全だと確信できる情報をとりやすいクルマがメルセデスだといえる。一部のジャーナリストがここを的確に表現できず、「気持ちがいい」とか、「安定感がある」と語っていることには理由があるのだ。

具体的には、サスペンションのコンプライアンス側に取り付けられたラバーブッシュの最適設計・製造があげられる。ストローク側、つまり上下の動きは意外に許しているのだが、横力と前後力に対しては、がっしりとサスペンションの不要な動きを固めている。メルセデスはボディ剛性が高いとよく表現される。高いには高いのだが、案外ボディは捻れを許しているのだ。しかしそれをラバーブッシュの硬さで補い、情報の伝達性を高めている。

普通、タイヤ・ホイールは上下にストロークしているだけだと思いがちだが、実はラバーブッシュの軟らかさ故に、結構様々な方向に動いてしまっている。特に日本車では、キャビンに伝わる振動を小さく、乗り心地を柔らかくするため、ブッシュを硬くしてはならないという不文律があるようだ。そのためタイヤ・ホイールが勝手にあちらこちらに動いてしまっている。極論すれば、四本のタイヤがバラバラに動いている。だからクルマがまっすぐ走らないし、正確な情報が取りにくい。

例えばホンダのアコードは、アメリカ仕様、ヨーロッパ仕様、日本仕様で異なったラバーブッシュを採用していた。アメリカ人好みの柔らかい乗り心地、高速域でのステアリング・インフォメーションの正確さを目的としたヨーロッパ仕様、そしてその中間的日本仕様といった具合に、設定目標に対しラバーブッシュの硬さを変えて対応しているのだ。それほどにラバーブッシュはクルマのキャラクターを決定する大きな要素となっている。

情報の伝達性の高さを突き詰めれば、理想はフォーミュラカーになるが、乗用車でもステアリング・インフォメーションの伝達速度と正確さの重要性に関し理解し始めたメーカーは、メルセデス以外にも多くなってきた。

ステアリング・インフォメーションとは、クルマが伝える情報のすべてを指す。目、耳も含む手足、お尻など、あらゆるところから入ってくる情報を総合したものだ。

例えば、ブレーキを踏んだ際にはブレーキのインフォメーションであり、ステアリングを切ったときには操舵感やコーナリングGであり、クラッチを踏めばクラッチのミート情報、それらをすべて合わせたのがステアリング・インフォメーションである。だから、助手席でもステアリング・インフォメーションは得ることができる。

先を予測してドライビングするにはトレーニングが必須かといえば、答えはイエスでもノーでもある。すべての人は予測して運転している。プロのレーシング・ドライバーとアマチュア・ドライバーの間に生理的な差はないからだ。違うのは、トレーニングを積んだドライバーほど、ステアリング・インフォメーションをより多く正しく受け取り、さらに正確な操作をしているということである。

ここまでを理解していただいたなら、さらに先に言を進めたい。情報の量、速度そして操作の正確さにおいて、要求される次元が全く違う、タイヤの運動性能をフルに使った走りについてだ。それは摩擦円で説明するとわかりやすいと思う。

摩擦円の基本を考える

クルマの運動性能は色々な要素によって影響を受ける。路面のミュー、タイヤのグリップ性能、車両重量、ボディの剛性等々、数多くの要素が関係し、しかも刻々と変化している。

これらの要素の運動性能に対する影響の基本を理解するために、摩擦円という概念を仮定してみたい。摩擦円とは、クルマの運動性能の範囲、つまりタイヤの運動性能の範囲を模式図の中で考えるためのものだ。

クルマはタイヤでのみ路面と接地している。そしてこのタイヤには多様な作業が要求されている。加速する、つまりエンジンの力を駆動力として路面に伝える、ブレーキをかける、つまり制動力を路面に伝える、左右に曲がるのもタイヤに要求される作業だ。そもそも、重量のあるクルマそのものを支えているのもタイヤである。

これらの多種の作業を、多くの場合同時に果たす役割をタイヤは担っている。しかし、タイヤの能力にも限界がある。平たく表現するなら、どんなことをす

図1：摩擦円の基本的な考え方

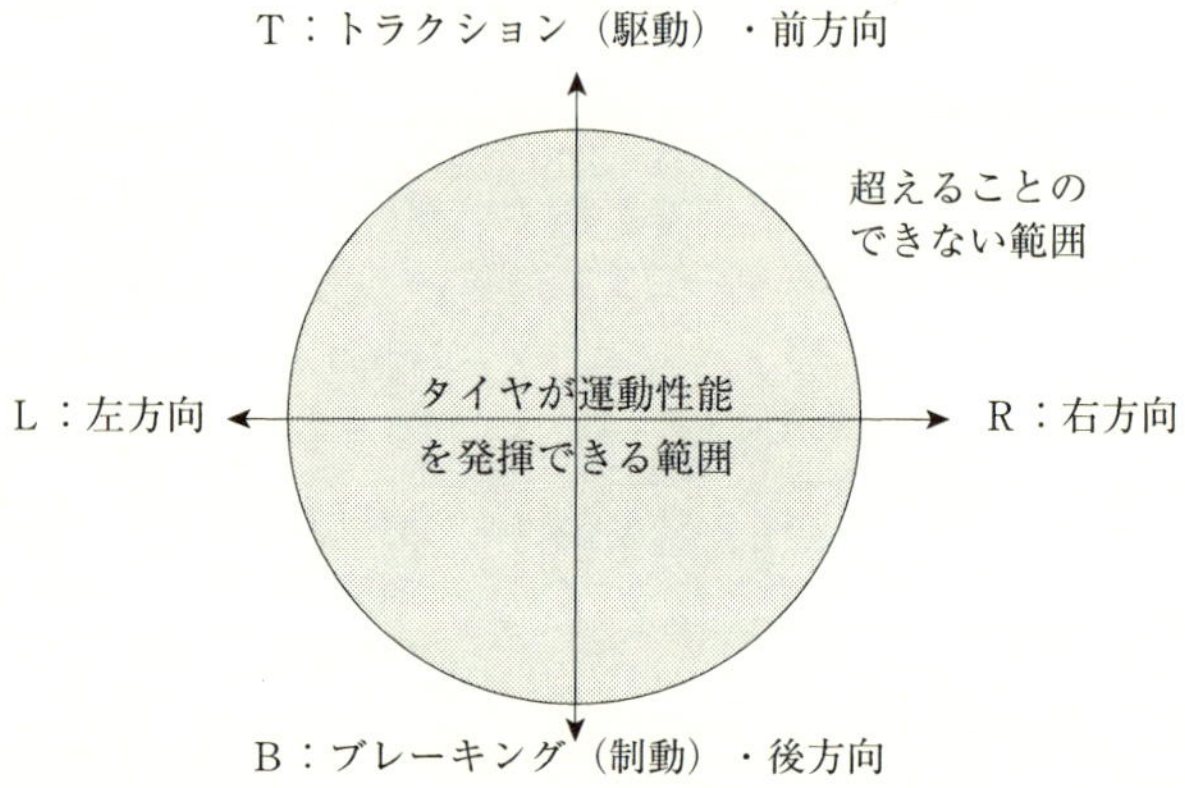

るとグリップを失い、クルマはどのような状態になってしまうのかを模式図に表すのが摩擦円の考え方である。

正確にいうと、摩擦円は正円ではない。しかしここではあくまで模式図であり、理解を容易にするため正円として考えてみたい。

図1で示した円内を、タイヤがグリップを失わない、つまりクルマの運動性能をコントロールできる範囲だと考えて欲しい。次からの図ではもうすこし具体的な例を示して説明を加えたい。

図2では静止状態での摩擦円を示している。4輪の摩擦円の大きさが同じであるということは、タイヤの運動性が同じ

図２：静止状態の摩擦円の考え方

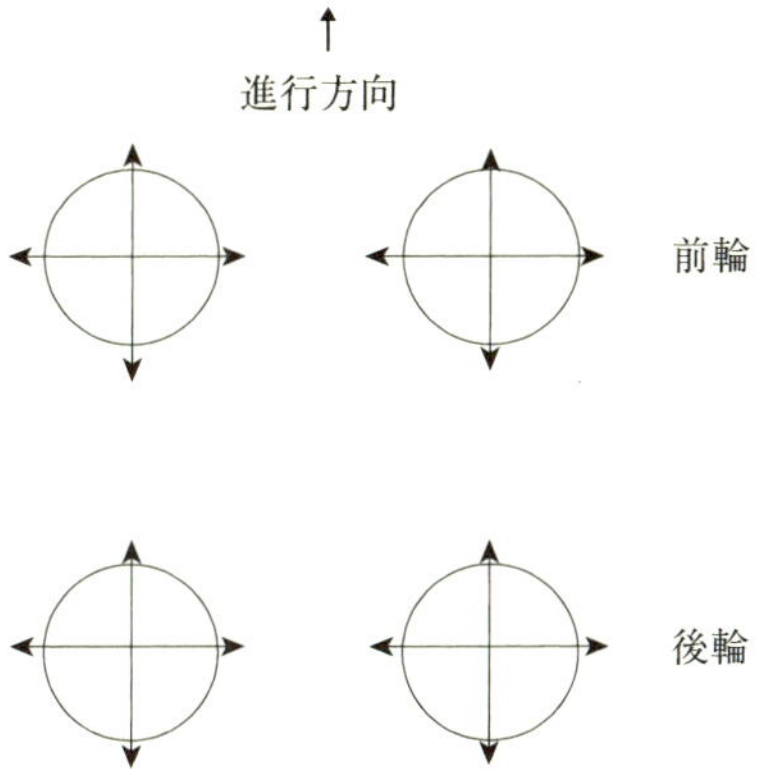

であれば、４輪にかかっている車重＝荷重が同じであることを示す。

この状態からステアリングをまっすぐにしたまま加速状態に移った摩擦円は、図３のようになる。

前輪の摩擦円は小さく、後輪では大きくなっている。静止から加速状態に入ると、クルマはテール・スクワットする。「ノーズを持ち上げて猛然とスタート……」とはよく使われる表現方法だが、加速に伴うGによって、クルマはお尻を下げて動き出す。つまり、前輪からは荷重が抜け、後輪には荷重が増すこととなる。これによって、前輪の摩擦円は小さく、後輪では大きくなるのである。この

図3：加速状態の摩擦円

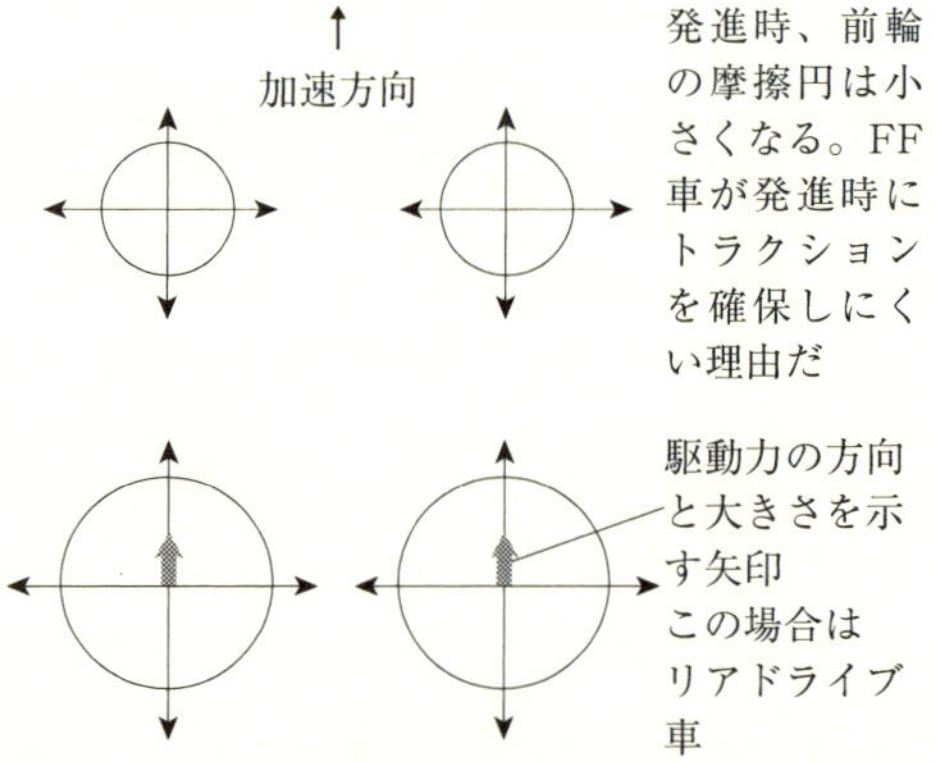
加速方向
発進時、前輪の摩擦円は小さくなる。FF車が発進時にトラクションを確保しにくい理由だ
駆動力の方向と大きさを示す矢印
この場合はリアドライブ車

基本原理は前輪駆動車（FF）でも後輪駆動車（FR、MR、RR）でも変わらない。

このことは消しゴムを実際手にとって試してもらえると分かりやすい。強く机に押しつけるほど、消しゴムを動かすのに力が必要だ。加速時、車重＝荷重はクルマの後ろに移動する、するとタイヤを強く路面に押しつけることになる。これによってリアタイヤはグリップ力を高める＝摩擦円が大きくなる。

一方、前輪からは荷重が抜け気味になる。ということは摩擦円が小さくなるのだ。荷重との関係だけで述べたが、実際にはタイヤの太さ、扁平率、空気圧、接

図4：全力加速中にステアリングを左に切った場合の摩擦円
（FR車）

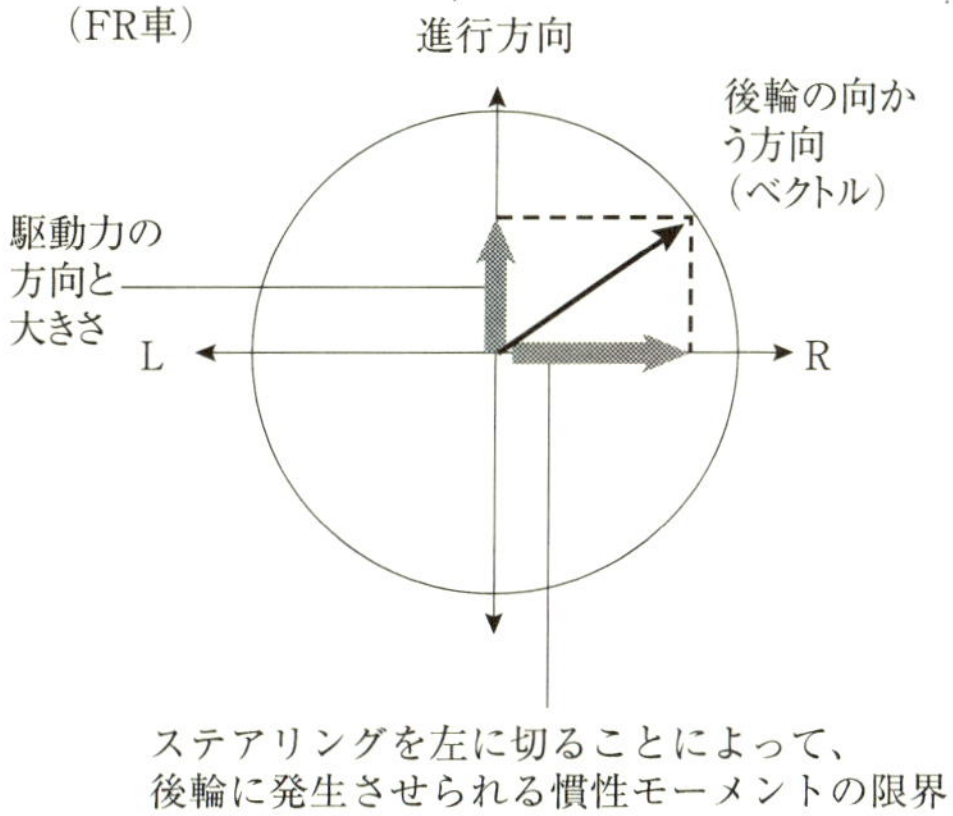

地性など、多くの要素に摩擦円は支配されている。

　図3中の太い矢印は、駆動の方向と大きさを示している。後輪が駆動力を発揮しているので、後輪駆動車であることも分かる。直進加速中であるから矢印は前向きであり、その長さが摩擦円の半径の四〇%程度だから、タイヤ性能を一杯に使用した全力加速であることも意味している。

　この状態からステアリングを左に切った状態を示すのが図4である。

　全開加速のまま、ステアリングを左に切ると、リアタイヤには慣性力が発生する。この二つの力の交点に向かって発生

図５：よりステアリングを切り増すには

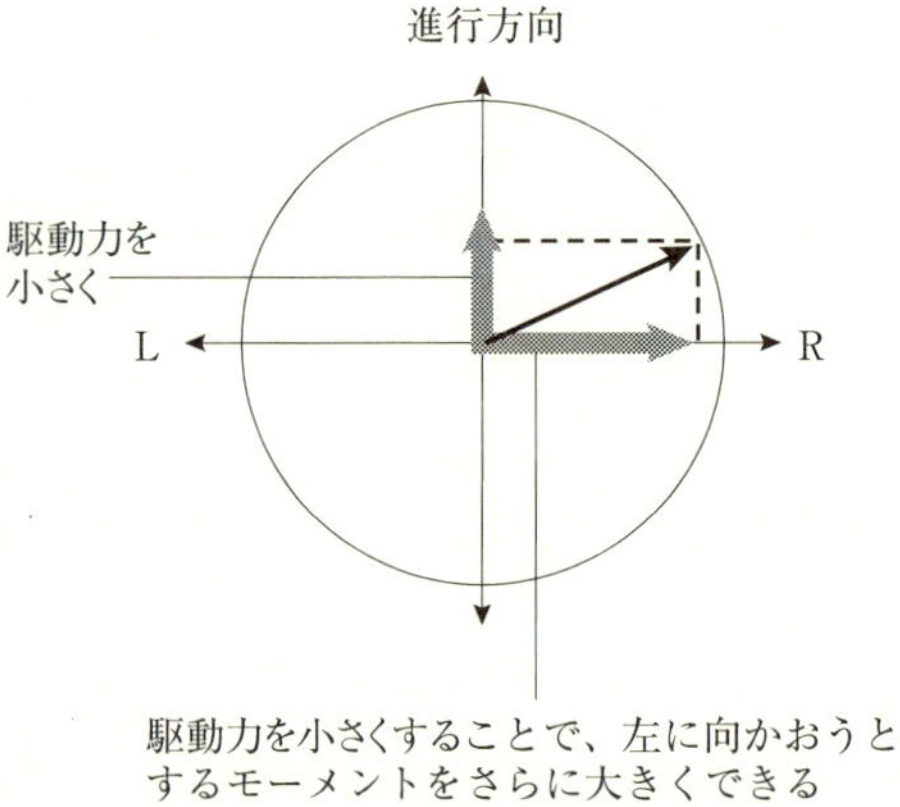
進行方向
駆動力を
小さく
L
R
駆動力を小さくすることで、左に向かおうと
するモーメントをさらに大きくできる

するベクトルの頂点が常に摩擦円の内側にあることだ。

　タイヤ性能を一〇〇とするなら、駆動（トラクション）に利用できるのはその内四〇～五〇％とされる。また、駆動と曲るためのグリップ力の合計が一〇〇を超えることはありえない。つまり、摩擦円の外に出ることはできない。図4は全力加速の状態を示しており、その状態からステアリングを左に切ることのできる限界が図示されている。これ以上ステアリングを左に切り足しても、後輪の向かうベクトルを示す矢印は、摩擦円の外に出てしまう。つまりタイヤの運動性能を超えてスピン状態に陥る。安全に速く走るなら、駆動力を下げた図5の状態にする必要がある。

コーナリングの基本だとされてきた「スローイン・ファストアウト」という言葉は私の辞書にはない。あまりにも漠然とした表現だからだ。確かにコーナーにオーバースピードで進入してしまうことは減速方向の矢印が大きく、摩擦円の中でクルマをコントロールしようと思っても、操舵のために残された余力は少なく、結局曲がりきれない状態になる。またそこで制動をかけ前荷重にすると前輪の摩擦円は大きくなり、操舵には有利になるのだが、一方後輪では荷重が抜けて摩擦円は小さくなる、ということはスピンしやすい状態に陥っているということだ。操舵作業を終えたら「ファストアウト」、加速をするということは、後輪に荷重が移り、摩擦円が大きくなって駆動力を伝えやすくなることを意味する。その意味では誤りではないが、タイヤの接地性能を一杯に使ってコーナリングするのがスポーツ・ドライビングでは理想であり、「摩擦円ギリギリ進入・摩擦円ギリギリ脱出」をするための理由として理解して欲しい。

一方、前輪駆動車では、コーナーの進入時に前輪に荷重をかけ、つまりブレーキングを残すなどしてコーナーに進入することによって、前輪の摩擦円を大きくする必要がある。前輪駆動車の場合は、駆動、操舵の双方を前輪が受け持っているから、これは必須の要件ともいえる。駆動を後輪、操舵を前輪に振り分けている後輪駆動車と比較すると、すべての機能を前輪だけで受け持たなければならない前輪駆動車はそれだけ限界が低いともいえる。

また、フォーミュラカーのリアタイヤが太いのは、大きなパワー、駆動力を受け止めるため、つまり摩擦円を大きくするためだ。前輪が細いのは、駆動力に関係しないためだが、最近はブレーキ性能が上がり、それに対応するためフロントタイヤも以前より太くなりつつある。

余談だが、最近ではF1はコーナリングスピードを抑えるため、縦溝の入ったグルーブタイヤを履かせたり、フォーミュラ・ニッポンより細いサイズのリアタイヤが義務付けられている。これも、摩擦円を小さくして限界性能を抑え、安全性を向上させるのが目的である。

摩擦円の基本のみを示したが、理解していただけただろうか。

荷重移動と荷重変動

摩擦円の理論を理解して初めて荷重の大切さも理解できる。

フロントへの荷重は、前輪の摩擦円をより大きくするために必要だし、後輪駆動車の場合、駆動力を有効に伝えるためには後輪に荷重を移さなければならない。

また、ヒール&トウは、一部の人が思っているような減速のための操作ではなく、荷重変動を少なくするための操作である。

現在のフォーミュラカーの操縦において、エンジンブレーキは特に必要としない。フットブレーキだけで十分な制動力を得られる。ただし、コーナーの立ち上がりで最もレスポンスのよい回転域を得るためには減速中にシフトダウンを終了しておく必要がある。その際、極力荷重変動を抑えなくてはならない。タイヤの運動性能を十分に発揮させなければならないコーナリング時、荷重変動があると摩擦円の大きさは変化してしまう。荷重がかかるということは次の瞬間には荷重が抜けることを意味するからだ。タイヤの限界域でコーナリングしている最中に、荷重が変わる、つまり摩擦円の大きさが変わるということは、限界域でのタイヤ運動量が変化することを意味し、コントロールは極めて困難となる。

コーナーへの進入時、減速と前輪の摩擦円を大きくすることを目的に、ブレーキングが必要になる。できればその最中にシフトダウンも終えてしまいたい。しかし足は二本しかない。クラッチワークのために左足は必要、スムーズなシフトダウンにはエンジンの回転数を合わせる必要がある、そうしないと急激なエンジンブレーキがかかり、荷重の変動が起こるし、場合によってはエンジンをオーバーレブさせて壊してしまう。右足でブレーキングと回転数を合わせることが必要になる。これがヒール＆トウを必要とする理由だ。

ヒール＆トウによってギクシャクしないシフトダウンをするということは、荷重変動を抑えることを最大の目的としているのだ。

ここでは、荷重〝移動〟と荷重〝変動〟の、言葉の使い分けにも注意して欲しい。荷重の〝移動〟は、ドライバーが意図的にスムーズな運転のために起こす動作である。一方〝変動〟は意図に反して起こってしまう、起こしてしまうものである。

ドライビングは、なぜその操作を必要とするのか、理由を知っていなければならない。形だけを真似しても意味はないのだ。

スリップ・アングル

スリップ・アングルは、別名「スリップ角」「横滑り角」とも呼ばれる。旋回状態のクルマを上から見た時、タイヤの向いている方向と、移動している方向が作る角度をいう。

ステアリングを切ったと同時にクルマは方向を変えることができない。タイヤという媒介が性能を発揮するまでの時間が必要だからだ。タイヤのラバーの抵抗が（ごく短時間であっても）徐々にクルマの向きを変えていく。

同じコーナーでも、ごく低速でのコーナリング時、前輪は小さく切られていてもクルマは曲がることができる。重量のあるクルマがこれまでの方向へ行こうとする力（慣性力）が小さいからだ。高速になるにつれてクルマは慣性により直進したがるから、より大きなステアリング操作、つまり大きなスリップ・

図６：スリップ・アングル

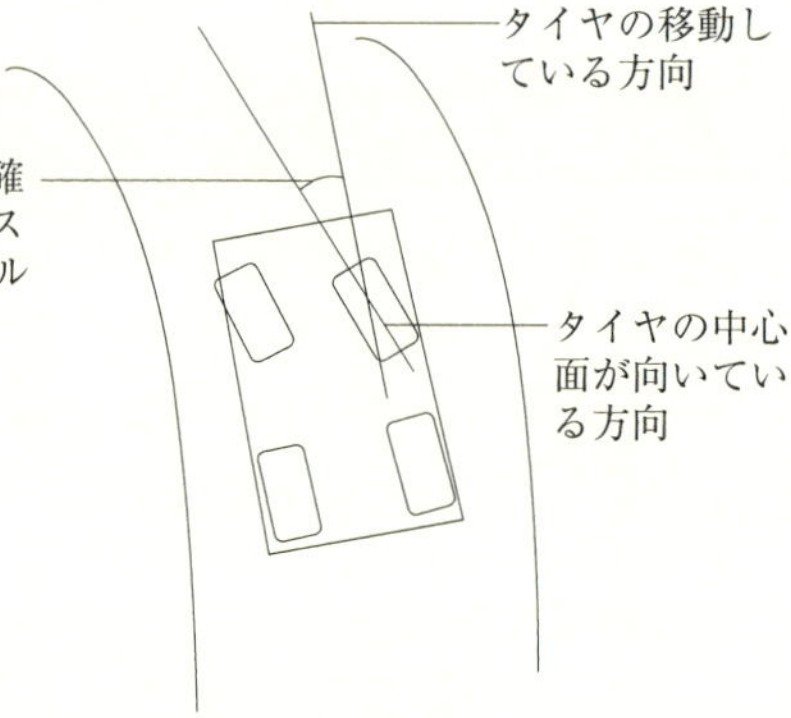
この角度が（正確には右前輪の）スリップ・アングル

アングルが必要となる。同じ速度なら、コーナーのRが小さくきついコーナーほど大きなスリップ・アングルを必要とする。

より多くステアリングを切る必要がある、と書いた方が理解しやすいかもしれないが、ステアリングではなく、クルマが進行したい方向に対するタイヤの角度を問題にしなければならないことを理解して欲しい。なぜならステアリング・ギア比が小さいクルマほど、ステアリングの切り角が小さくてすむため、極めて正確性に欠ける表現だからだ。

ここまで書けば、このスリップ・アングルという言葉がドライビングの書である本書に登場する意味を理解していただけると思う。先に摩擦円で説明したように、タイヤの性能には限界がある。コーナリング時、前に行こうとする力と、コーナーを曲がろうとする力、この二つに折衷点を見つけなければならない。タイヤの持つ性能を曲がることに使い切っているなら、駆動という前に行こうとする力は残されていない。

ということは、速くコーナーを抜けたいなら、なるべくステアリングを切らず、スリップ・アングルを小さくし、荷重変動を抑えアクセルをコントロールすることが重要になる。

このスリップ・アングルを完全に理解する際に注意して欲しいのは、「向かっている＝進行方向」と「向いている方向」の違いである。基準となるのは現在の「進行方向」である。雪上でステアリング操作をし、前輪を左に一五度切ったとしよう。でもクルマはスリップし直進してしまった。前輪のタイヤも左に切られてはいるものの、やはりクルマとともに直進方向に移動している。この時の前輪のスリップ・アングルは一五度である。

それでは直進状態に固定されている後輪にはスリップ・アングルが付かない

のだろうか。直進安定性のために付けられているトー・インの角度、サスペンションの動きによる変化などは、この際忘れていただきたい。

テールスライドを起こし、クルマが左に巻き込んだスピン状態を頭に描いて欲しい。確かに後輪はステアリング操作によっても動かない。クルマの前後中心線と平行な状態に保たれている。しかしクルマ（つまりタイヤも）は横滑りしているのである。そこにはやはり角度がつく。これが後輪のスリップ・アングルである。

ちなみに、鉄道などの軌道車にスリップ・アングルという言葉は存在しない。少し話が難しくなったかも知れない。もっと平易な表現を探して考えてみよう。

コーナーを曲がるとき、ステアリングを切る。いわゆる舵角を与える。高速道路で横風を受けたとしよう。クルマが平行移動してしまったなら、元の車線に戻るためステアリングの操作をする。リアだけが流されたなら、やはりステアリングを切ってクルマを直進状態に戻さなければならない。

確かに、ステアリングを切る角度、舵角を問題にしてもいい。しかし、より正確にいうなら、向かいたい方向に対するタイヤの角度が問題なのだ。ステアリングではなく、道路に直接コンタクトしているタイヤに注意を払って欲しい。だから私はスリップ・アングルという言葉を使っているのだ。スリップ・アングルを大切にするということは、自分が乗っているクルマのタイヤ角度を分度器で測るというようなものではない。俗にいう「ステアリングを通してのレスポンス、リニアリティ、プレシジョン」などといわれているのはすべてスリップ・アングルが関係しており、これを感じ取ることが重要だということだ。

タイヤの発熱

タイヤは発熱して初めてその性能を発揮できる。逆にいえばタイヤがゴム（合成ではあるが）でできている限り、発熱させられなければどんな運転をしても意味がない。

Ｆ１のタイヤウォーマーを見ていただいても理解していただけるだろう。ピットアウトしてから徐々にタイヤを温めているのでは、危険でコンペティションにならない。極力短時間で適正温度に上昇させるために、あらかじめ温めているのだ。
このことはレースあるいはサーキット走行を経験された方ならすぐに理解していただけることだと思う。周回を重ねているうちに、明瞭にグリップがある時と、だらしなく滑り出すことを経験されているからだ。予選を戦うとしたら、タイヤがベストの発熱をしている状態は何周もない。ただ漫然と走り続けるのではなく、そのベストな状態にクリアラップを見つけ全力を投入しなければならない。走り込むほど速くなる、というのはまだ腕が発展途上にある証明で、タイヤ性能のはるか手前で上手になっているにすぎない。

タイヤは同じ条件の中では、運動エネルギーを考えるなら発熱しているほど多くの仕事をする。つまり摩擦円が大きくなる。レーシングカーのセッティングとは、そのために行うといっても過言ではないほどだ。乗用車の場合もサスペンションのアライメント調整が大事なのはタイヤの片減りを防ぐだけではなく、正常な発熱を助けるために必要になる。

こう書くとタイヤの熱ダレを問題にする方が多いだろう。どんなタイヤでも走行中のタイヤ限界温度は摂氏一〇〇±二〇度程度だと思う。もし素材が温度に耐えられさえすれば、温度は高いほどいいということだ。摂氏二〇〇度で耐えられる素材があるとすればその方がいい。それは、どんなクルマのタイヤでも同じである。余談だが、温度が高い方がいいのはブレーキも同様である。F1ではブレーキシステム（ローター、パッド）が、メタルからより大きな運動エネルギーが得られるよう、カーボン製に変わったのである。

現在、タイヤの製造過程ではシリカと呼ばれる配合剤を混入し、低温に対して鈍感にしている。ゴムはもともと摂氏七～八度ほどで硬化してしまうからである。低温ではゴムの持つ性能が発揮できなくなり、硬化してしまう。この現象を低温異常性という。だから、冬季になり路面温度が下がると、滑ったり、ブレーキが利かなかったりという事故が起こりやすくなる。スタッドレス・タイヤは、発熱しやすく、水を吸収しやすい発泡ゴムなどを使用して低温異常を防止しているともいえる。

路面の温度とタイヤの表面温度の関係は、ほぼパラレルといっていい。あるコンパウンドが路面温度三〇度で七〇度の表面温度であるなら、路面温度が五〇度になった時、だいたい九〇度になるということだ。

しかし、路面温度が高い、低いが重要なのではなく、タイヤにその性能を十分に発揮させるだけの発熱をさせ、仕事量を増やすのが大切なのである。

ステアリング・インフォメーションを距離で考える

T＝A＋B（29頁参照）で表したように、情報の伝達には時間を要し、タイムラグが発生する。これを距離に置き直して考えてみよう。

時速一〇〇キロで走行するクルマが一秒間に移動する距離は二七・七八メートルである。時速二〇〇キロなら五五・五六メートルにもなる。つまり、情報を得て操作をしたときには、クルマはもうそこにいない。オンタイムで操作する必要性は理解していただいたと思うが、情報が入ってもこないのに先の操作はできないというジレンマがそこにはある。

アメリカン・モータースポーツの最高峰、ＣＡＲＴでは大クラッシュ・シーンが続出する。楕円のオーバルコースを周回するだけなのに「なぜ」という質問をよくされるが、これこそ情報の伝達速度が最大の理由である。ＣＡＲＴの最高速度は時速三五〇キロを超える。人間の生理的要因とクルマが持つ制約によって、レーシングカーの場合、情報の伝達が〇・〇三秒遅れるとすれば、その間に三メートル近くも移動してしまっている。クルマの車幅以上すでに移動しているのだ。情報を得たときには遥か別の世界にいるといっていいだろう。

一方、フォーミュラ・ニッポンの例を取りあげても、このテーマは分かりやすい。鈴鹿サーキットのＳ字コーナーやヘアピンで、多少のミスを犯してもカウンターステアなどで修正が可能だ。Ｓ字では時速一八〇〜二〇〇キロ、ヘアピンでは時速七〇キロ程度しか速度が出ていないため、プロのレーシング・ドライバーの操作範囲内にまだあるからだ。しかし、１３０Ｒとなると話は別になる。通過時速は二五〇キロ位。ここでカウンター・ステアを当てて出てこられるドライバーはいない。さしものプロでもカウンターを切ったときにはすでにガードレールの餌食になっているからだ。先述のようにＴ≒〇・〇三秒だとすると、情報を得、反応したときにはすでに二メートル以上も移動してしまっている。

人間の神経の伝達速度をトレーニングで速くすることができないとなると、正しい情報をより多く得て、先を読む分析能力をトレーニングするしかない。

走り込みの量がものをいう。鈴鹿サーキットにどんなにカッコウのいいクルマで乗り込んでも、根性や気合いでは速く走ることができないということだ。誰でもすべてはトレーニング次第なのである。

ちなみにトレーニングの目安は、五〇〇周である。同一サーキットをそれだけ走ればそれなりの程度にはなることができる。「うまい！」といわれるには一〇〇〇周。スポーツドライビングの理論を理解していたとしても、これが基準だと私は思っている。

この論からすれば、ドライビングの天才はいない。

私の息子達は、鈴鹿のフォーミュラ・スクール（ＳＲＳＦ）に通っていた。毎年七～八人が入学し、卒業するのだが、卒業時のタイム差は一秒程度でしかない。まったく運転のできない状態で入学し、ノーマルシビックで運転基礎を学び、フォーミュラカーに乗れるようになっている。人間個体の差はほんどないといえよう。

極論すれば、誰もがＭ・シューマッハーになれる。負けず嫌いで情熱があれば。なぜなら、シューマッハーだろうが故人であるセナだろうが、摩擦円を飛び出してドライビングしているわけではないからだ。

コーナリング・ラインは正円の連続

よく「最適のコーナリング・ラインは……」と質問される。それも各コーナーのラインを図示してくれという。しかし、紙に書かれたラインをトレースして走ろうとするのは不可能に近い。実際にサーキットの路面上に線を引くしかないだろう。そんなことより、これまでの「理屈」を理解する方が実戦的である。

摩擦円の項で、わたしは「摩擦円ギリギリでの進入・通過・脱出」を唱えた。それを実現するためには、コーナリングの最中の荷重の変動を抑えること、極力スリップ・アングルを一定に保つべきことも述べた。これは、運動慣性力を一定に保つことであり、タイヤの求心力（タイヤにかかる遠心力の反対、タイヤのグリップ性能と同義と考えていただいていい）を最大に発揮させ続ける方法である。

これを実現する唯一のコーナリング・ラインは正円の連続である。

図7：誤ったコーナリング・ライン

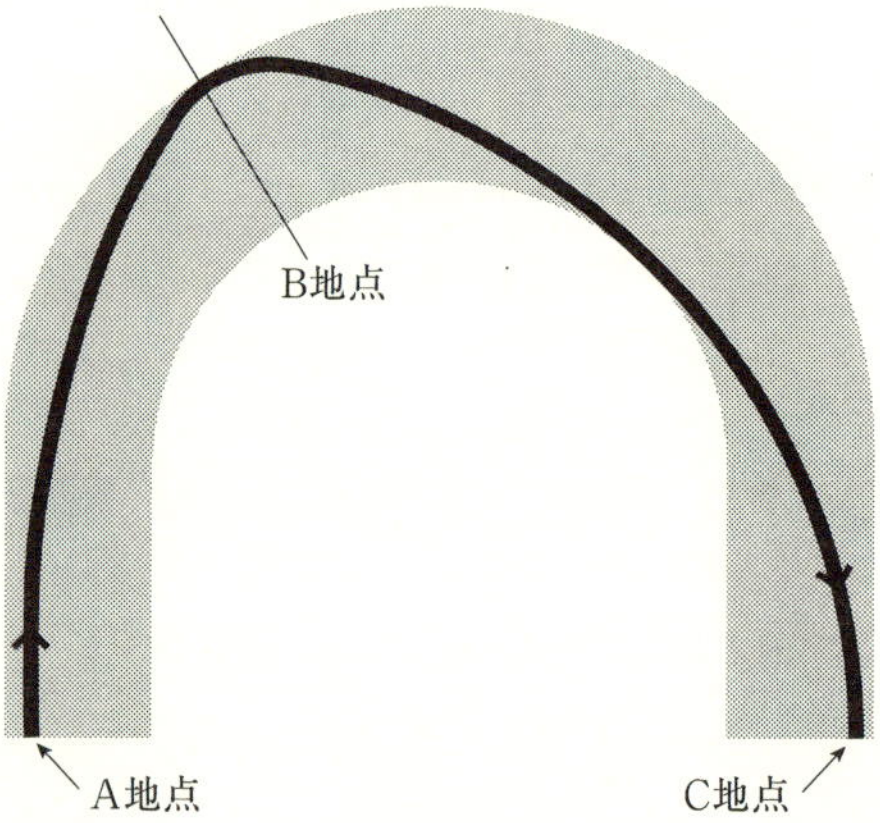

かつて日本では、図7で示されたようなラインが理想とされた時代があった。一言でいってこれは誤りである。Gメーターを使い科学的に計測・分析してもタイムの向上にはつながらない。理想的なラインは図8に示すような正円の連続となる。理由はこれまで私が述べた事柄を理解していただいているなら簡単に理解できる。路面状況が一定なら正円のラインを走る限り、荷重は変化しないし、スリップ・アングルも変化させる必要がないからだ。

図7のラインを理想とする根拠は、脱出をなるべく直線的にする、つまりアクセルを早く、大きく開くことができると

図8：正円をトレースする理想的なコーナリング・ライン

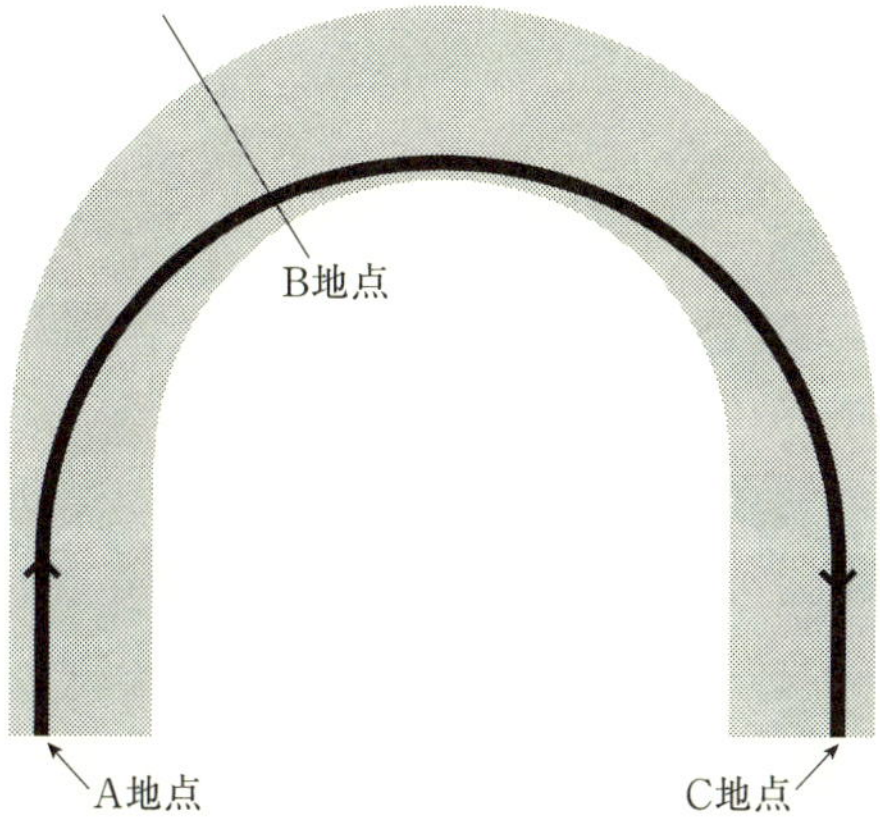

するものだ。確かにB地点からC地点だけを計測すれば脱出速度は速いかも知れない。しかし、B地点においては大きなスリップ・アングルを要するから速度は落ちるし、大きな荷重の変動が発生しスピンに至るリスクも大きくなる。

図8のように、正円を描くようにコーナリングしている限り、A地点からB、C地点までの間、スリップ・アングルと荷重移動の量は一定である。ゆったりとし、穏やかでありながら速いコーナリングを実現するためには、許される範囲でコース幅を一杯に使った、最大の正円を描く走り方をすべきである。

連続したコーナーにおいても考え方は

図9：複合コーナーも正円の連続

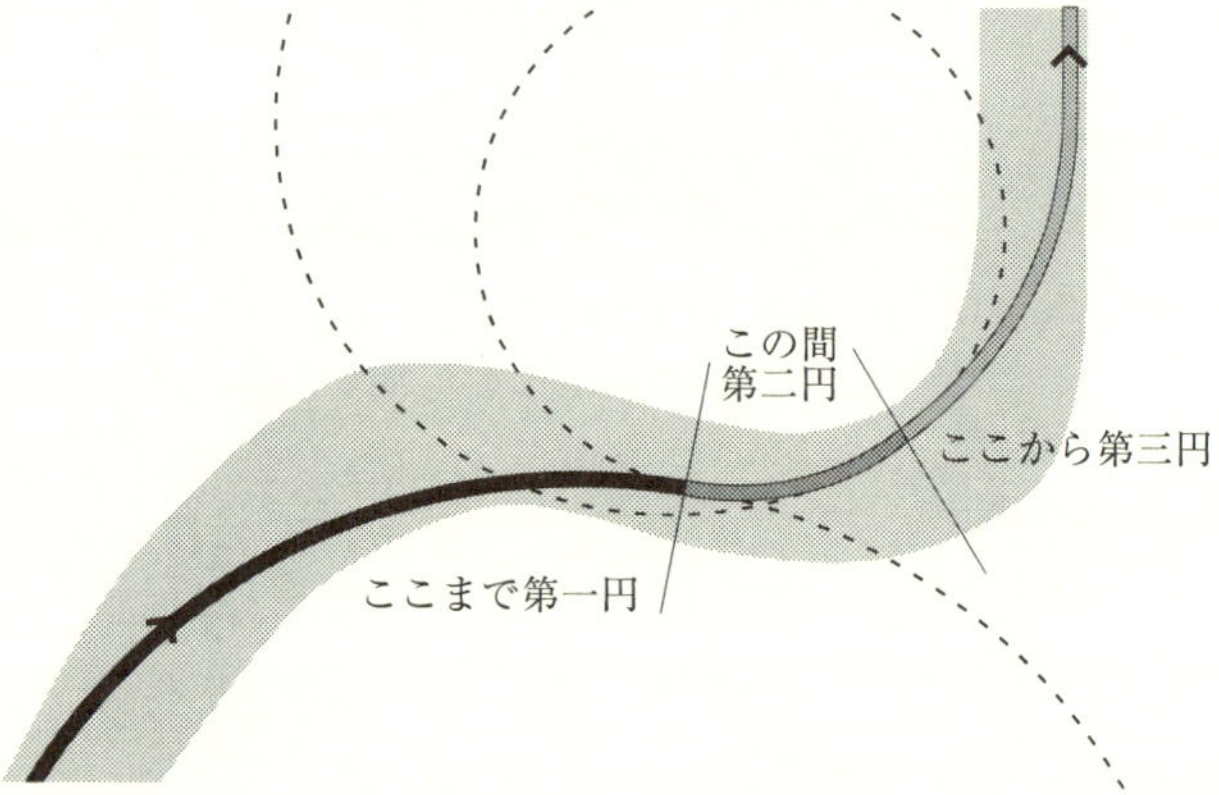

全く同じである。コーナーをR（半径）ごとに分解し、それらをすべて正円で繋いでみる。その連続が理想のラインとなる（図9）。

現役レーシング・ドライバー時代から肌では感じていたドライビング理論

一九七〇年初頭、当時全盛であった「富士グラン・チャンピオン・シリーズ（富士GC）」で、私は数多くの勝利を収めていた。そこに強敵が現れた。ヨーロッパF2のチャンピオン、ジャン・ピエール・ジャリエを招聘したチームが出現したからだ。

来日を直前にした頃、報道陣から「本

場ヨーロッパのチャンピオンに対して勝つ自信があるか」という質問を受けたことがある。私は、「富士スピードウェイの全長六キロ（当時）を一メートルきざみにしたとしよう。どの部分を取り出してもタイヤ性能を最大に発揮させて走る自信がある。だから、誰が来ようと同タイムは出てもそれ以上は絶対にない。好勝負になっても負けはない」と答えたのを覚えている。

自信過剰とまでいわれたが、結果はその通りになった。もっとも、近頃日本を拠点にして真剣にレース活動をしている外国人ドライバー達と違い、当時の外国人招待ドライバーは物見遊山気分で来日しており、相手になるわけはなかったのだが。

一九七三年になると、その本場ヨーロッパのF2に参戦する機会に恵まれた。マーチ・カーズのメンバーが、私の富士スピードウェイでの走りを見てチャンスを与えてくれたのだ。国内の調整などで返事が遅れ、ワークス・チームのシートは埋まってしまい、セカンド・チームでの参戦となった。ワークスのドライバーは、先述のジャン・ピエール・ジャリエとハンス・シュタック。私がドライブするチームは下請けがメンテナンスするので戦闘力が劣っているのが残念だった。

三戦だけ、それもブリヂストンタイヤでの戦いであった。今となっては信じられない話だが、当時のブリヂストンタイヤではまったく勝負にならない。二戦を終えて十数位がやっとだった。幸運にも最終戦では、私も他のドライバーと同じように、当時常勝だったファイアストンのタイヤで戦うことができた。

予選の最中にタイヤを組み替え、セットアップも半端なままで五位をゲット。二ヒート制の第一ヒートではスタートをうまく決めることができ第1コーナーではアウトからトップに並びかけたのだが、押し出されてレースを終えた。マシンの修理を急遽行い、第二ヒートは最後尾からのスタート。追い上げを重ね、五位を走るウイルソン・フィッティバルディ（エマーソンの兄で、CARTで活躍しているクリスチャンの父）まではあっという間に追いついた。彼のブロックがきつく、抜くのに数ラップを要し、結局五位でレースを終えた。フィッティバルディさえ早く抜ければ表彰台の真ん中に立てたと思っている。

フィッティバルディを抜いてからは、前がクリアであったこともあり、そのレースのファステストラップを記録している。このファステストラップがマーチ・カーズの当時のオーナー、ロビン・ハードの目に留まることとなった。

翌年のＦ１に黒沢を乗せるという記事がイギリスのモータースポーツ専門誌『Auto Sports』に掲載された。しかし、日本人初の、それも契約金でシートを買うのではないＦ１ドライバーの実現は、結局マーチの財政難で実現しなかった。

ヨーロッパのレースシーンでは、ファステストラップを叩き出すドライバーは、何周でも速く走る可能性があることを知っている。日本ではレースの順位でしか判断しないのが残念だ。

そのころは、同じマシンを与えられれば、絶対に負けないという自信があった。当時からドライビングには理論化できるものがある、つまり何度でも最速ラップを再現することができることに気がついていたからだ。これまで述べてきた内容も、今のように文章にはできなかったが、身体では分かっていたように思うし、タイヤの運動性能を上回るマシンのセットアップにも自信があった。

それは、過日、２輪の世界グランプリを見ていた時に得心した。五回も世界チャンピオンに輝き、引退したＭ・ドゥーハンのインタビューだ。「ライディングに理論のようなものがあることに気がついてきた。その理論からすれば負けることはない。チャンピオンになれるかどうかは別にして……」という。

彼はまだ文章で表現するには至っていないのだろう。それは後進に道を譲ったこれからでいい。多分、M・シューマッハーもA・セナもそうであり、あったに違いない。

この理論をさらに次章以降で、具体的なサーキット走行を例にして説明したい。

CARTドライバー　黒沢琢弥

アメリカのＣＡＲＴに挑戦することが決まって間もなく、プレスから「オーバルでの走行経験はないと思うんですが、不安はないですか？」という質問を受けた。それに対して僕は「時速三〇〇キロでのオーバルのコーナリング？　そんなの鈴鹿の１３０Ｒが四つつながっているだけだから、なんてことない」と答えていた。ご存知のように鈴鹿の１３０Ｒは、国内のサーキットではもっともハイスピードなコーナーだ。フォーミュラ・ニッポンのマシンでおよそ時速二五〇キロほどだから、高速コーナーが嫌いな方ではない僕としては、オーバルコースならバンクもついているし速度自体が上がったとしてもたいしたことはないだろうと高をくくっていた。実際のところ僕は鈴鹿の１３０Ｒでクラッシュしたことなど一度もないし、クルマのコントロールには自信があった。

　アメリカに渡り、初めてのＣＡＲＴマシンを駆ってのオーバル走行でもそれほど苦労することなく順調にテストメニューをこなしていた。新型の二〇〇〇年モデルが来るまでは、前年の一九九九年型マシンで精力的に走り込んだ。時速三五七〜三六〇キロほどでターン１にアクセルを一瞬抜いてシフトダウンしながら突っ込み、二九〇〜二九六キロほどでコーナリングするというのはさすがに最初はちょっと怖かったものの、すぐにそのスリリングな感触にも慣れ、自分の「適応能力の高さ」にチームオーナーもエンジニアも喜んでくれていた。そう、新型のシャシーがくるまでの僅かなあいだは……。

新型のシャシーで初めてオーバルを走ってみて、なにか旧型の一九九九年型モデルとは違ったフィーリングを感じた。口ではうまく表現できないが、ターン1に入る際にマシンの安定性に欠け、どうセッティングを変えても怖くてブレーキングしない限り走れなくなってしまったのだ。三〇〇キロでのコーナリングだけに、一歩間違えばコンクリートウォールの餌食になってしまうし、アクセルを踏まなきゃタイムは出ないし……。チームとありとあらゆるセッティング変更を試みても一向に解決しないどころか、終いには新人ドライバーである僕の「ドライビングに問題がある」というところまで行きついてしまった。これには正直いって参った！

時速300キロコーナリングの苦悩

父も第2章の中で記しているように、時速三〇〇キロにもなると一秒間に八三メートルも進んでいるわけだから、相当に確かなマシンのセットアップと手応えがない限り、オーバルコースでタイムアタックなど怖くてできない。弱アンダー気味のセッティングがちょうどいいのだが、僕のマシンはフロントタイヤの接地感に乏しく、さらにはリアの挙動が不安定で、コーナリング途中でアンダーステアから突如オーバーステアに転じるという最悪のパターン。本当に情けないけれどブレーキングしないかぎり、二九〇キロでは僕の経験値からいって絶対にコントロール不能になり、クラッシュするのは目にみえていた。オーバーステアになった時にカウンターをあてていたのではコンクリートウォールの餌食どころか、僕自身が病院送りになってしまう。

黒沢琢弥

この難問が解決したのは、チームにスペアマシン（バックアップカー）が来た時だった。チームは早速組み立てて、シェイクダウン。これがどうだ！今まで苦労していたローラと同型だというのに（製造番号は最初のが002だからこの世で二番目の製造、対してスペアマシンは014）、組み立ててすぐに自身の最速タイムをマークしてしまった。これには僕はもちろん、チームも驚いた。同じローラの二〇〇〇年型シャシーなのに、同じセッティングを施して乗り比べると明らかに後から来たマシンのほうが走りやすいし、スタビリティやマシンの剛性もあるように感じた。第一、セッティングを変えると変えた分だけ、こちらがイメージした通りにマシンが反応してくれた。

チーム全員の見解として一致したのは、初期型ロットのローラは試作品に近くカーボン・モノコック自体の剛性がない。これによりモノコック自体がコーナリング中に歪んでしまい、足回りの接地性変化を起こしてしまうというものだった。もちろん、モノコックは見た目にはどこも違っていないし、ヒビなど発見できたわけではないのだが。

人間の経験値というものは本当に鋭いと感心した。マシンのほんの僅かな

時速300キロコーナリングの苦悩

違いや感覚を感じ取り、それ以上の領域を超えないように脳のどこかが体を制御していたのだろう。おそらく僕が思うに、002のシャシーではノーブレーキでの二九〇キロでのコーナリングは無理だが、軽くブレーキを踏んで二七〇〜二六〇キロくらいだとぎりぎりでコーナリングできそうな感触を経験値から割り出していたのだ。そんな自分の経験値を信じているからこそ、傍目には「無茶」に見えるような「キレた走り」でも、自分の中では瞬時に正解を導き出してそれを実行することにより、人よりも速く走ることが三〇〇キロの世界でも可能となるのだ。

第3章

サーキットを走って考えるドライビング理論

鈴鹿サーキットを走って考える、ドライビング理論

現在、Ｆ１の開催コースとしてよく知られる鈴鹿サーキットだが、一九六二年の開設当初は、オートバイレースを主たる目的としていた。当時、戦後を抜け出した日本経済は急ピッチで成長しており、若者達はオートバイに夢中となっていた。何を隠そう、ちょっと（？）先輩ではあるが、私もその一人だった。しかし、あだ花はいつの世にもあるもので、〝カミナリ族〟が増加し社会問題となっていた。

２輪の世界的トップメーカーに成長していたホンダが、オートバイ・ライダーに走る〝場所〟と〝喜び〟を与えるという、社会的使命感を持って建設に臨んだのがこのコースだった。完成の翌年には、第一回日本グランプリも開催され、日本のモータースポーツの聖地として今日に至っている。

鈴鹿サーキットはテクニカル・コースとして知られている。それはこの設立の経緯と密接に関係している。故本田宗一郎氏は、オートバイ・ライダーの

〝教育の場〟としてもこの鈴鹿を考えたようだ。世界でも珍しい立体交差を持ったコースとして完成し、その結果、左右のコーナーの数がほぼ等しく、地形を上手に利用したアップダウンと相まって、ドライバーのテクニックが問われる一流のレーシングコースとなった。

鈴鹿には愛称がつけられたコーナーが多い。第1・第2コーナー、S字コーナー、逆バンク、デグナーカーブ、ヘアピンカーブ、スプーンカーブ、130R、最終シケインなどだ。これらのコーナーのただ一つとして同じ性格を持たされたものはない。速く、スムースかつ安全に走り切るにはドライビング理論を理解し、それをトレーニングによって完成型に仕上げていくしか方法はない。

このテクニックを必要とする鈴鹿サーキットの主なコーナーを取りあげ、私のドライビング理論にしたがって走りを解析してみたい。このことは一般公道においても大いに役立つものだと思う。

ちなみに文章中の使用ギア、速度などのデータはホンダNSXタイプSゼロ(6MT)のものである。そして情報の伝達速度は人間の生理的制約とクルマの制約の双方を合計して〇・〇四秒とした。

鈴鹿サーキット

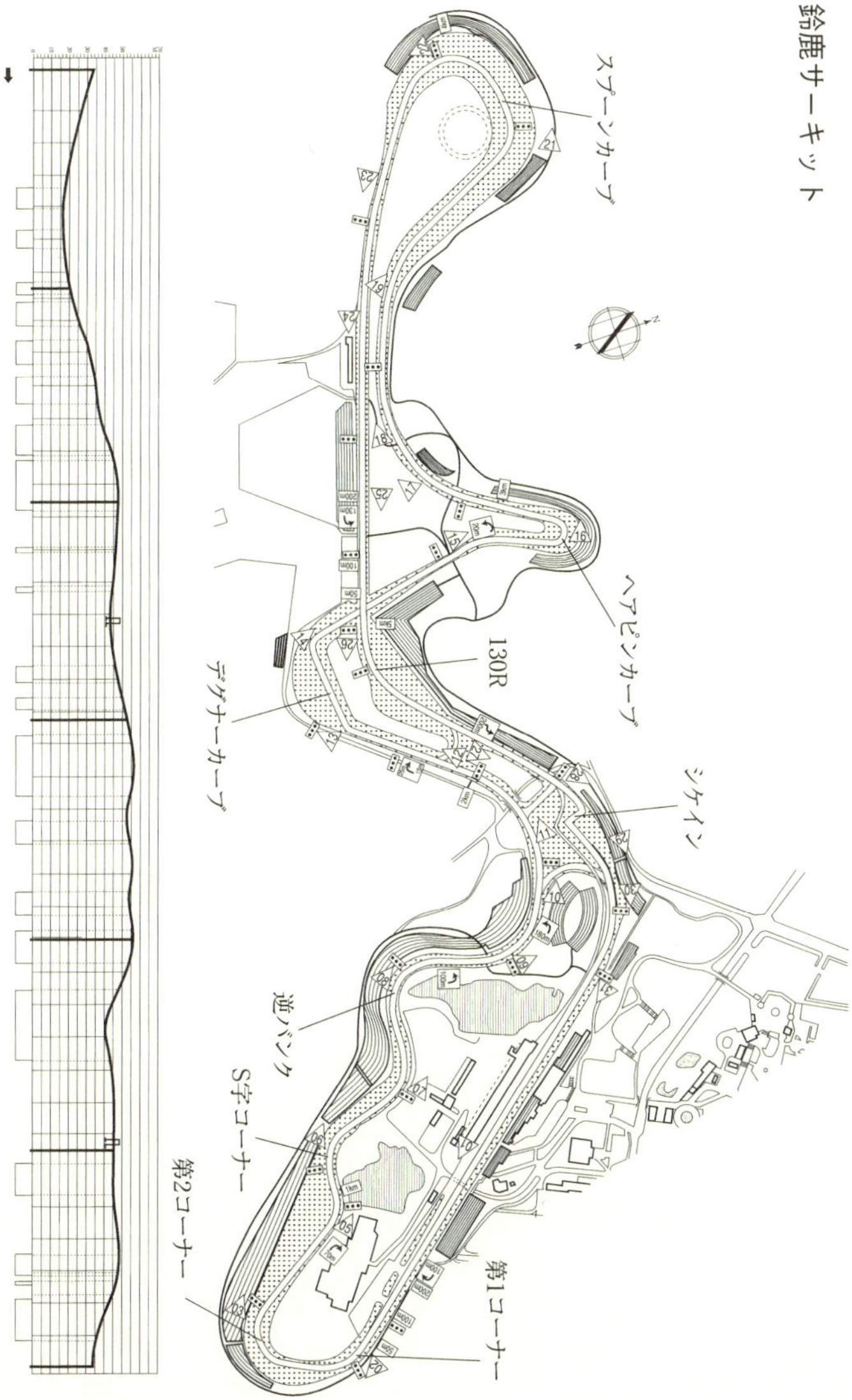
スプーンカーブ
ヘアピンカーブ
130R
デグナーカーブ
シケイン
逆バンク
S字コーナー
第2コーナー
第1コーナー

第1コーナー：摩擦円を理解する最良の場

鈴鹿の第1コーナーは、半径一〇〇メートル（100R）の比較的緩やかなコーナーだが、その先には60Rのきつい第2コーナーが待ち受けている。また下り坂であること、さらにホームストレッチを5速ギアの全開走行後に迎えるコーナーであることに留意しなければならない。

具体的な走行方法は次のようになる。

5速ギアの全開走行から、ステアリングに舵角を与えながら、コーナー手前一〇〇メートル位からブレーキング、第2コーナー手前までに3速までシフトダウンを完了させる。

下り坂で、コーナリングしながらフルブレーキングそしてシフトダウンの作業を短時間で完了させなければならない。この際、もっとも重要なのは、タイヤの持つ性能をフルに発揮させる、つまり摩擦円を最大限に維持するために荷重変動を極力抑えることである。この荷重変動を抑えるための手段が、ヒール&トウである。

摩擦円を最大に保つため荷重変動を避ける

何度も述べているように、タイヤは発熱させなければ仕事をしてくれない。コーナリング中は一定の荷重をタイヤに掛け続けることによって持続的な発熱を促し、その結果摩擦円の大きさを最大に保つことが必要になる。ヒール&トウは右足のつま先（トウ）でブレーキングしながら、かかと（ヒール）でアクセル操作をする。ブレーキングを持続しながら、シフトダウンをする際、唐突なクラッチの繋がりにならないよう、適切な回転数を得ることが目的だ。例えば5速と4速の同一速度での回転差が七〇〇回転なら、左足でクラッチを切り、5→4速に落とす間に右足のかかとでアクセル・ペダルを使い七〇〇回転を上げることができれば、ショックのないシフトダウンが実現する。

ヒール&トウができない状況を考えてみよう。右足がブレーキ操作のみにしか使われないと、シフトダウンはクラッチを左足で切り、その間にシフトレバーを5→4速に押し入れることになる。クラッチを繋いだ際、大きなショックを伴うことは誰にでも想像できるだろう。エンジンの回転がその間に落ちてしまっており、急激なエンジンブレーキが使われるのが原因だ。

そのショックの際、荷重がさらに前に移ることになり、前輪の摩擦円は一瞬大きくなるが、後輪のそれは小さくなり、スピンの危険がでてくる。なぜなら、その瞬間にもステアリングは右に切っており、クルマは曲がっているのに後輪の摩擦円が小さくなりグリップを失うことを意味するからだ。しかも下り坂である。この状態では基本的に前荷重になっている訳で、その状態から、さらに後輪の荷重を減少させる、つまり摩擦円を小さくするのは危険極まりない。

ショックを避けるためエンジンの回転差をなくそうと、右足を一旦ブレーキから離し、アクセルを操作し回転数を合わせればクラッチの繋がりはスムースであろうが、その間制動力はゼロになり、クルマは空走すると同時に前輪の荷重が小さくなる。その瞬間、前輪の荷重による発熱は低下し摩擦円は小さくなる。さらに速度を落とし、ステアリングを切り増さなければコーナリング・ラインは維持できなくなる。

鈴鹿の第1コーナーは摩擦円を理解するには最良の場所だと思う。

摩擦円内に留まりながらのフル制動をしつつ、コーナリングすることを求められるからだ。タイヤは制動とコーナリングの二つの作業をギリギリのところで行わなければならない。オーバースピードでの進入、ステアリングの切り過ぎは論外としても、荷重変動の結果、摩擦円を小さくしてしまうことは避けなければならない。

情報伝達のラグを体験する

一方、第1コーナーの右側クリッピング・ポイントを通過する速度は時速一五〇キロ程度、第2コーナーのそれは時速一一〇キロ程度である。この速度域になると、情報の伝達速度つまりステアリング・インフォメーション入手までのタイムラグを考慮しなければならない。そのラグを〇・〇四秒とするなら、時速一五〇キロでは一・六七メートル、時速一一〇キロなら一・二二メートルすでに移動してしまっている。過去の情報をもとにしたドライビングをせざるを得ないからだ。これではクリッピング・ポイントを〝舐めて〟通過するどころか、クルマ一台分離れてしまう。

サーキット走行に不慣れな方がクリッピング・ポイントにつけない、と訴える原因はここにある。一般道では経験できない（してはいけない）速度でコーナーに入るわけで、経験値がないのだ。単にステアリングを早めに、あるいは大きく切るといった対処療法では良い結果は得られない。なぜクリッピング・ポイントにつけないのか、それは避けることのできない情報伝達のタイムラグや慣性、適正でないスリップ・アングルにあることを理解しなければならない。

これらはスポーツ・ドライビングに限った話ではない。一般公道における走行でも、荷重〝移動〟によって摩擦円を有効に大きくすることにより安全マージンを確保することができるし、逆に荷重〝変動〟によってリスクを増大させてしまうこともある。また、荷重の無用な変動は、不規則な加速度（G）を同乗者に感じさせ、不安と不快感を与えることにもなる。

荷重移動はドライビング・テクニックには必要かつ不可欠なもので、これを上手に使う必要がある。しかし、変動は最大悪の一つである。

情報の伝達に時間を要することを理解するのも同様である。結果に対処するのではなく、状況を予測し、それに対応できる準備をしておくことは最高の安全運転の方法である。

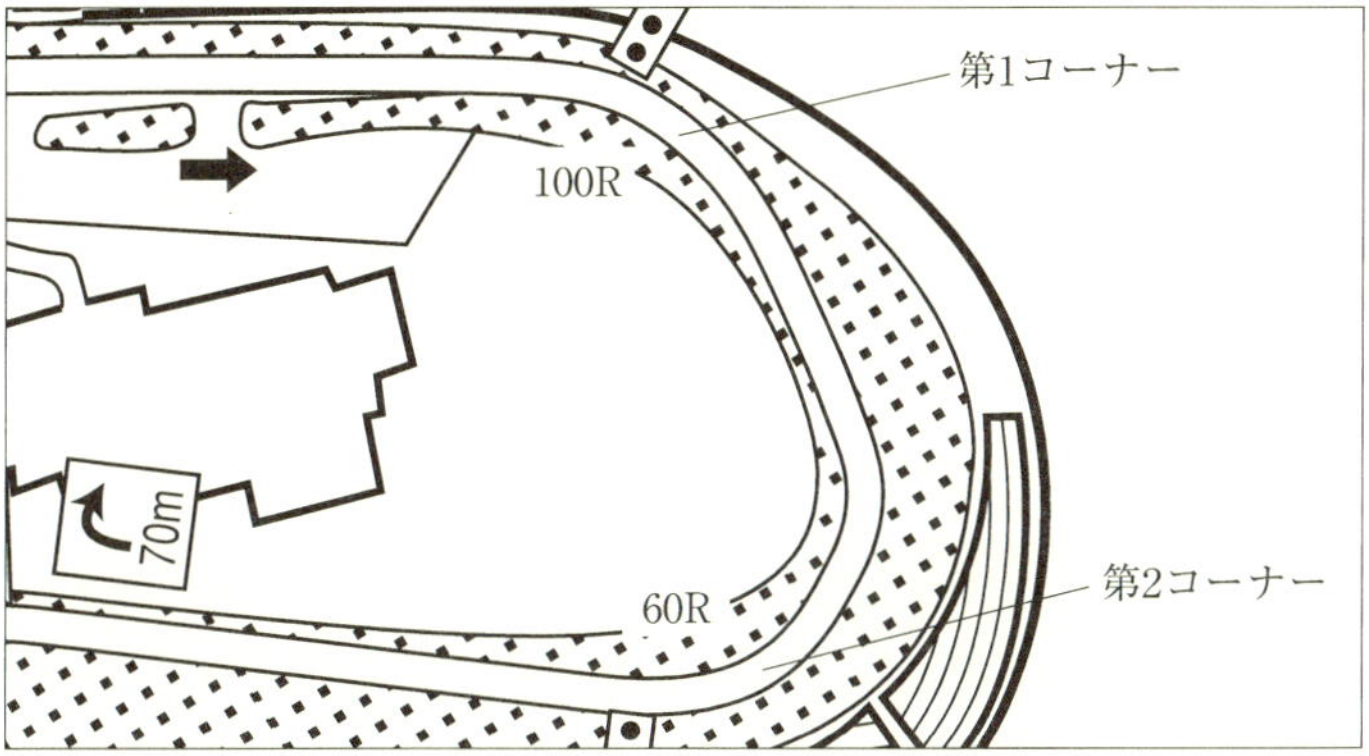

●第１コーナー・第２コーナー

５速、7,200回転（およそ時速220キロ）後にブレーキングして進入する複合コーナー。第１コーナーが右100Ｒで、第２コーナーが右60Ｒ。

第１コーナーへは、ハイスピードで下り勾配ながらカントが付いている。第２コーナーへはＲがきつくなり、立ち上がりは上り勾配となり、速度も落ちるため比較的緩やかなカントとなっている。

コーナリングの際、「どこをどう見ているべきか」との質問を受けることが多い。

具体的な方法を述べる前に、ここでも神経の伝達速度を問題にしたい。24頁の「神経の情報伝達速度」の項で、その速度は秒速六〇〜一二〇メートルであり、決して速いものではないことについて言及した。ステアリング・インフォメーションを得て、知覚、判断、行動に要する時間は、神経の長さを一メートルと仮定するなら約〇・〇二秒のタイムラグが発生すると述べた。

しかし、目から入手できる情報の獲得ならもっとタイムラグが少なくてすむはずだ。物理的な距離が短いからだ。つまり目と大脳の間の神経の長さは一〇センチあるかないか、極めて近距離にあり、情報の入手に必要な時間は十分の一に短縮される。それからの判断、行動に必要な時間に変化はないものの、特に高速での走行時にはこの時間短縮は貴重である。

目から入ってくる情報のみを頼りに運転する危険性はすでに述べた。しかし、ステアリング・インフォメーションの重要性と、同時にその不可避的なタイムラグを理解するなら、目からの情報の活用の可能性も生まれてくる。

〝目線〟のはなし

具体的な目線の使い方には、〝線〟

と〝点〟の二つの方法があると私は思っている。

一つ目は、コーナリング・ラインをそこに〝白線〟が引いてあるがごとく見る方法。

二つ目は、ブレーキング・ポイント、単純なコーナーであればクリッピング・ポイントそして立ち上がりのアウト側に最もはらむ部分を〝点〟で追う方法だ。

この点で追う方法は、ブレーキング・ポイントを見てブレーキを踏み、摩擦円内にありながらも最適な速度まで減速を得たことを、ステアリング・インフォメーションから判断した瞬間には、次のクリッピング・ポイントに目線を移動させる。インを通過できそうな時は、もうアウトに視線を移す。といいながらも、人間の生理的性能はそれを遙かに超えており、デジタルに点を確認はしていないだろう。あくまで意識の中では点として見ているということに過ぎない。

乗り慣れていない人の場合には、線で追うのは難しいかもしれない。コース上のいろいろなものが流れて見えてしまうためだ。そのときには、「点で追いなさい」とドライビング・スクールではいっている。経験の浅い人が、線で見ると決めつけると、速度感だけ

〝目線〟のはなし

が増し、操作が雑になったりすることもある。でも、点か線かはどちらが正しいと決めつける必要はない。決めつけたところで、結局はみんな両方をやっているからだ。

しかし、フォミュラカーのようにコーナリング・スピードが速くなると、例えば130Rのように時速二五〇キロ以上で進入するコーナーなどは、入ったと思ったら出なくてはいけない。そうなると、線では追いきれるものではない。ブレーキング・ポイント、縁石の立ち上がりのところ、ウェットなら水のたまるところなど重要なポイントとなる箇所を、速度が高くなるほどプロでも点で追う。

点で追っても、線で追っても、例えばそこに前の周にはなかったオイルが出ていた、ウイングのかけらが落ちていた、などというときには、目で一瞬それを見てパッとそれを判断する。それは、一瞬点で見ていることになる。だから自分がどちらに意識を移すかだけの問題で、人間は自然に両方を行っているものだ。

"目線"のはなし

進入速度の低いコーナーであれば、取るべきラインを一望できる。つまり線でイメージすることができよう。しかし、高速度で通過しなければならないコーナーの場合は、点で追わなければばならない。しかもステアリング・インフォメーションにはタイムラグが発生している。そうであるなら、いち早く大脳に情報が届く、目からの情報をベースとする方法も成立しよう。しかし、その場、その瞬間の状況を総合的に正しく判断するにはステアリング・インフォメーションに頼るしかない。であれば、目からの情報をベースとしながら活用しつつも、これまで積み重ねて来たドライビングの成功、失敗例を想起し、それを目からの情報にオーバーラップさせる、そんなドライビングの方法も成立しよう。

いずれにしても目線を意識すること

"目線" のはなし

自体が重要だと考えている。

スポーツ・ドライビングに限らず、町中で運転する際にも目線は重要である。前を走るクルマ、それも一台だけではなく、何台ものクルマの動向を把握するために、それらのクルマの姿勢やブレーキランプ、そしてバックミラーなどに目線を送る必要がある。

さらには自分の通過しようとするコーナリングのラインに障害物がないかどうかなど、様々なことを想定することも重要だろう。そこに点であろうと線であろうと、積極的に目線を送ることを意識することは安全運転に欠かすことができない。

第2コーナー：荷重〝移動〟を積極的に使う高等テクニック

第2コーナー進入時には、シフトは3速にすでに落とされている。操作は、Rが100から60へと厳しくなるためステアリングを切り増すだけだ。進入の一瞬はアクセル、ブレーキ操作ともに一切なされない瞬間がある。このとき、タイヤが摩擦円の限界一杯、つまりその性能を使い切っていれば、それが最速といえる。その状態を保つために荷重変動を極力抑え、クリッピング・ポイントからコーナーの外側一杯を目指してコース取りをする、これが第2コーナー攻略のポイントとなる。

とはいいながらも、路面の状況、ステアバランスの問題から若干の修正を求められる状況が多い。修正は可能な限りステアリングで行わず、アクセル・コントロールで行うのが肝心だ。俗にいう「セナ足」の出番だ。A・セナがこの方法を多用していたのが、この第1コーナーから第2コーナーの脱出までだった。「ファン・ファン」というエンジン音が四〜五回聞こえていたのを印象的に覚えている。

それは、摩擦円を一杯に使いつつ、コーナリングしながらアクセルをオン・オフするものだ。アクセルを開けると後輪に荷重が移り、前輪はグリップを失いプッシュアンダー（後輪に押され前輪が理想的回転円の外に出る）気味になる。プッシュアンダーが出たとしてもステアリングを切り増してはいけない。なぜなら前輪は十分な荷重を与えられておらず発熱も不十分だからだ。そこで、ステアリングを切り込まず、アクセルを瞬間的に戻し、フロントに荷重をかけグリップを回復させて回頭させる。この瞬間にはフロントタイヤの摩擦円は大きくなっているわけだから、またアクセルを開けて摩擦円一杯の仕事量を負担させせる。アクセルを開け続けるとプッシュアンダーが出るので戻す、これを連続して行うアクセル・コントロールの方法である。

セナの場合、タイヤのスリップ・アングルを変えず、アクセルのオン・オフを繰り返していた。これは結果的に荷重変動をしてしまうのだが、ステアリングで修正するよりもタイヤに対する荷重変動は少ない。というのも、フォーミュラカーの場合には、エンジンの回転落ちのスムースさと、ダウンフォースの強さが相まって、アクセルを戻すことによって瞬間的に回転が落ちるからだ。

逆にパワーがあるだけにアクセルを開けた時の回転の上昇も極めて速い。これによって確かに禁忌とされている荷重変動を起こしてはいるのだが、その振幅が極めて小さく、図にすれば誤差範囲ギリギリのところを維持しているはずである。意図的に行っているという意味では、これは変動でなく、荷重移動の積極的な利用のひとつである。

ノーマルカーではそう簡単ではない。運動慣性が大きいし、アクセルに対するエンジンの追従性も低い。だから、私がホンダNSXで走るときには、求めていることは同じでもアクセル・コントロールの方法を変えざるをえない。アクセルのオン・オフの間隔を長くゆっくりとし、荷重変動の幅を極力小さくするようにしている。クルマの前後バランスがよく、タイヤが十分に発熱しているほど、この間隔を小さくできる。

このように、鈴鹿の第2コーナーは、速く走るために、あえて荷重変動を使う（つまり意図的だから荷重移動であるのだが）という、極めて高等技術が試される場所であり、最も鈴鹿の特徴が現れるコーナーの一つである。

鈴鹿のＳ字コーナーを３速ホールドで回るNSX Type S・zero。右側に荷重が残っている写真の状態から、左右どちらにも荷重がかかっていないニュートラルな姿勢になるまで待ってから右にステアするのが鉄則。
(写真提供：ベストモータリング)

ここで述べる「コーナリング・センサー」は、測定器械を指しているのではない。人間というまさに「神の最高の創造物」が持っている感受性、つまりGセンサーを示す。人間という生き物は摩訶不思議な存在で、コーナリング時に、タイヤの求心力の高さ、そしてその限界をやや過ぎたのが分かる。特にトレーニングを積み重ねた人間は限界ギリギリの部分を感知できる。

もっとも、コーナリング・フォースは直線的に増していくものではない。縦軸にコーナリングG、横軸に速度を配した図10を見て欲しい。四五度の上昇直線を描けるのは軌道車のみである。レールの上にあり、まったくスリップ

図10：速度とコーナリング・フォース

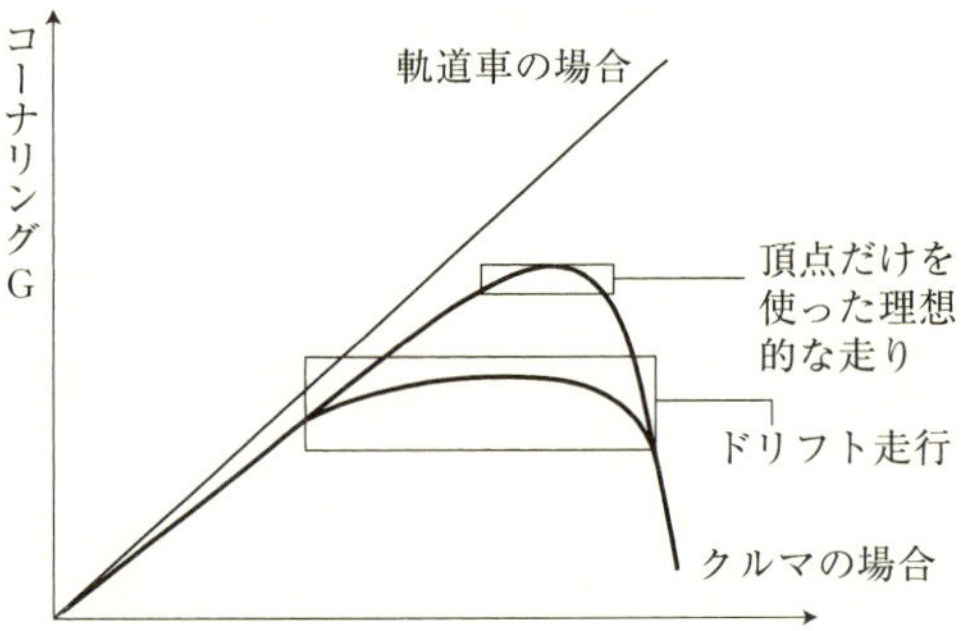

ドリフトをするというのは、タイヤのグリップのピークを使い切らない走行を意味する。
コーナリング・フォースを示す曲線の頂点部分だけを使い切る走りに比べ、遅くロスも大きく危険でもある。

せず、レールや車輪が壊れないといった非現実的な状況があるとすれば、それは永遠に続く。

タイヤで路面と接地しているクルマはそうはいかない。お椀を伏せたような曲線となる。低速度域では四五度に近い角度でコーナリング・フォースは立ち上がる。しかし絶対に軌道車の値を超えることはなく、徐々に四五度の線から離れていく。ある程度のスリップが必ずあるからだ。そしてコーナリング・フォースの限界を超えると曲線は急速にドロップしてしまう。速度に比例して上昇するコーナリング・フォースにタイヤの求心力が抗しきれなくなった時にはベストグリップを過ぎてしまっている。

シューマッハーであっても、摩擦円内でのコントロールしかできない。しかし、経験のあるドライバーほど、限界のその頂点部分の狭い部分だけを使ってクルマをコントロールできる。逆に、経験のない人ほど、使う幅が広くなってしまう。

ドリフトを礼賛する誤った傾向があるが、派手であっても速くはない。しかも実は簡単な運転操作でもある。なぜなら、コーナリング・フォースの頂点の狭い部分だけを使うのでなく、もっと低い部分を幅広く使っているにすぎないからだ。一言でいえばシビアである必要がないから簡単なのだ。

〝コーナリング・センサー〟のはなし

S字コーナー：切り返しの難しさ、リアの荷重移動の管理

鈴鹿のS字コーナーは名前の通り、左、右そして左の三つのコーナーからなっている。別名切り返しと呼ばれるほど難しい。初心者ではもっともライン取りに差がでるところであるし、サスペンションのセッティングの優劣もはっきりする。それは左右一杯の荷重移動をスムースに行わなければならないからだ。これを実現するためには、55頁のコーナリング・ラインの項で述べたように、三つのコーナーをきれいな円で結ばなければならない。鋭角的なコーナリングは禁忌となる。

そんなライン取りが重要なコーナーであるが、ステアリング・インフォメーションから操作に移ることができるのは〇・〇四秒遅れとなる。距離にすれば一・三三メートル過去の情報をもとにした操作が求められる。このS字は時速一二〇キロ程度で通過するからだ。この程度の速度であれば、ドライビング上のゆとりは大きい。ミスに対して修復のための操作は十分に可能である。しかし、それでは好タイムにはつながらない。

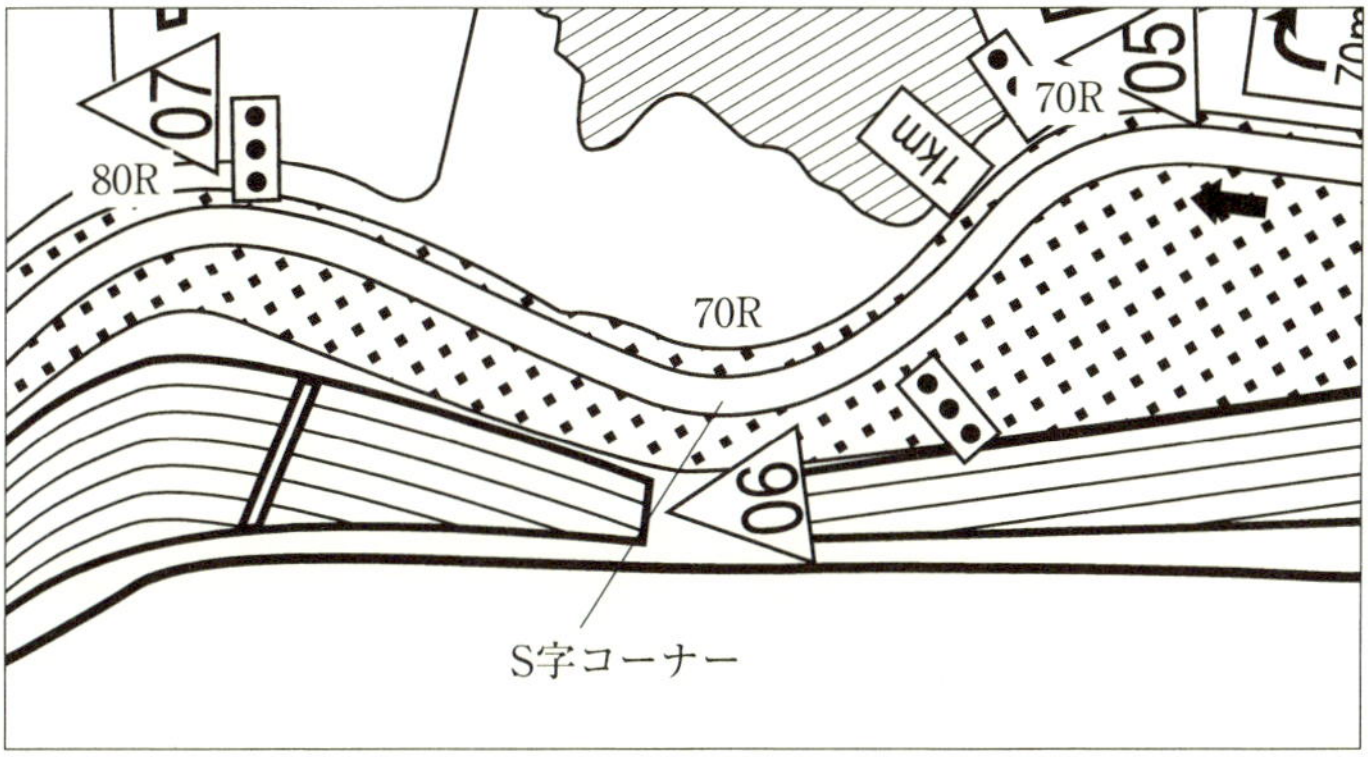

●S字コーナー

第1・第2コーナー、左70Rと続き、S字コーナーに進入する。アルファベットの「S」のように左、右、左へ切り返す複合コーナー。一つ目が左70R、二つ目が右70R、三つ目が左80R。全体にわたって上り勾配。

このコーナーはライン取りと左右一杯の荷重移動にとっても格好の教材といえよう。

まず理想的なコーナリングを考えてみよう。

第2コーナーから一つ目の左S字に対しては、右寄りにラインを変え進入する。短い距離で減速。全開で入れるのなら入りたいのだが、コーナリング・フォース、摩擦円の限界を考えるならば、減速を求められる。減速後、すぐ左にステアリングを切り込む。ちなみにギアは3速のまま。逆バンクを抜けるまで3速のままである。少しでもコーナリング・ラインを大きく取りたいのでイン側の縁石を踏む。左タイヤが縁石に乗る程度だと思って欲しい。ここは上りでもあるため右側フロントとリアに荷重が多くかかり、大きな仕事をさせているのだが、イン側の縁石をちょっと踏んだという情報をとりながら、イメージしたコーナリング・ラインの中にいるかどうかを確認する。

複合コーナーでなく、ここで終わるならいちばん右側、アウト側まで膨らんでいきたいのだが、すぐに二つ目の右コーナーに入るため、イメージ的には、コースの真ん中あたりを抜けていく。二つの左右のコーナーを繋ぎ、いちばんきれいな大きな正円を作ることをイメージするとよい。初めてサーキットを走る人には難しいかもしれないが、タイヤのコンタクト・フィールから小さなスリップ・アングルを維持していることを確認しつつ、そのグリップによるタイヤの発熱を感じながらラインをイメージし、自問自答しながら走ることの学習となろう。

次は上りの右コーナーになるが、ミッドシップのレイアウトを持つ構造上リアヘビーになっているホンダＮＳＸは、右に荷重のかかっていたものを、ステアリングを右に切り、いきなり左に荷重を移すと慣性がそれだけ大きくなるので、一つ目の左コーナーを抜けたところで左右どちらにも荷重がかかっていないニュートラルの状態を一瞬でも作りたい。実際にはそのような時間的ゆとりはないに等しいのだが、その状態を極力作るイメージを持ちたい。

Ｓ字の場合、荷重が目一杯逆サイドに移動する。一つ目の左コーナーでは右荷重、右コーナーでは左荷重となる。その間にニュートラルな時間を一瞬作らなくてはならない。ドリフトということばは正確性を欠くので好きではないが、常にドリフトしている状態を作るといってもいい。

これはスリップ・アングルを考えた方が分かりやすいかもしれない。スリップ・アングルとは、コーナリング時、クルマを上から見てタイヤの中心面の方向とタイヤの向かっている方向（正確ではないが、クルマが移動している方向といった方が分かりやすいかも知れない）の二つが作る角度のことをいう。フロントだけでなく、上から見ると左右に動かないリアタイヤにもスリップ・アングルが付いてしまうことにも注目して欲しい。

高速走行時にはリアタイヤは、フロントタイヤよりも外側を通っている。リアタイヤが滑っているからだ。ということはスリップ・アングルが付いていることを意味する。自動車学校でいう内輪差というのは、あまりにも低速であるために、フロントタイヤを操舵するとリアタイヤがフロントタイヤの描くラインの内側を通るということである。低速でタイヤがスリップしていなければ、そうなる。しかし、高速になるほどリアタイヤは外側を通る。

そういう状態を作るべきだといっている。要はリバース領域の寸前で、リアは常にスリップしているわけで、そうでなければタイヤを有効に発熱させることはできない。

ここでいう「リバース」とは、reverce＝転換または逆転を意味するのではない。正確にはリバース領域とも表現すべきもので、コーナリング・フォースの頂点を超しながらも、まだコントロールできる領域を指している。86頁の図10においてドリフト走行時に使われるコーナリング・フォースの範囲を示したが、この図にある曲線の頂点を超えた部分が、まさにリバース領域である。

S字の一つ目を抜け、二つ目の右さらには三つ目の左は比較的コーナリング時の時間は長く、その割に速度も高くない。つまり神経の伝達速度に制約されてしまう時間差、距離は小さく、しっかりと摩擦円ギリギリのドライビングを楽しめる所でもある。

どこのサーキットにも共通しているのは、タイヤを乗せていい縁石は必ず段のない縁石だということだ。シケインにあるような、蒲鉾型の縁石には絶対に乗ってはいけない。また、段のある屋根瓦のような縁石は、基本的にはアウト側の縁石。イン側は、段のない縁石か、蒲鉾型かのどちらかになっている。

この蒲鉾型は2輪のコーナリング時、ライダーの膝が当たるため少なくなってきている。サーキットを走る機会があったら確認してみるといい。コースの設計者がライン取りを示唆していて面白い。

〝縁石〟のはなし

外側の縁石には、段が少なく、基本的に荷重変動にならない縁石ならコーナリング・ラインを大きく取るために乗ることがある。鈴鹿サーキットを例にとると、S字の一つ目、二つ目、デグナーの一つ目と二つ目、スプーンの入口と出口、130Rの出口、シケインの立ち上がりでは、ドライ・コンディションの場合には乗った方がタイム向上につながるようだ。乗ることで荷重の変動はもちろん起こるのだが、スタビリティーを失う程のものではなく、コーナリング・ラインを大きく取ることを優先した方が好結果につながることもある。

逆バンク：クリッピング〝ゾーン〟という概念

スプーンの出口に次いでクラッシュの多いのが、この逆バンクの内側、インのクリッピング・ポイントのあたりである。いずれも下りながらのブレーキングを必要とするので、リアから荷重が抜け、巻き込む状態でのスピンが多発する。

ここの通過速度は時速一一〇キロ程度であり、情報の遅れを距離に換算すると一・二二メートル程度あることも念頭に置く必要がある。

名称が一層恐怖を煽っているが、鈴鹿サーキットには逆バンクの箇所は一つもない。下りであるのと、路面のカントが一〇度ほどと少ないので逆のバンクがついているように見えるだけである。

S字の左コーナーを抜け、右に切り返しながらのブレーキング。それも「チヨイ掛け」、つまり、リア荷重で進入し、急激にフロント荷重に変化する場所である。摩擦円で表現するなら、リアが大きな円であったものが、急激に左フロントが大きくなる。下りコーナーでのブレーキングは、ただでさえフロント

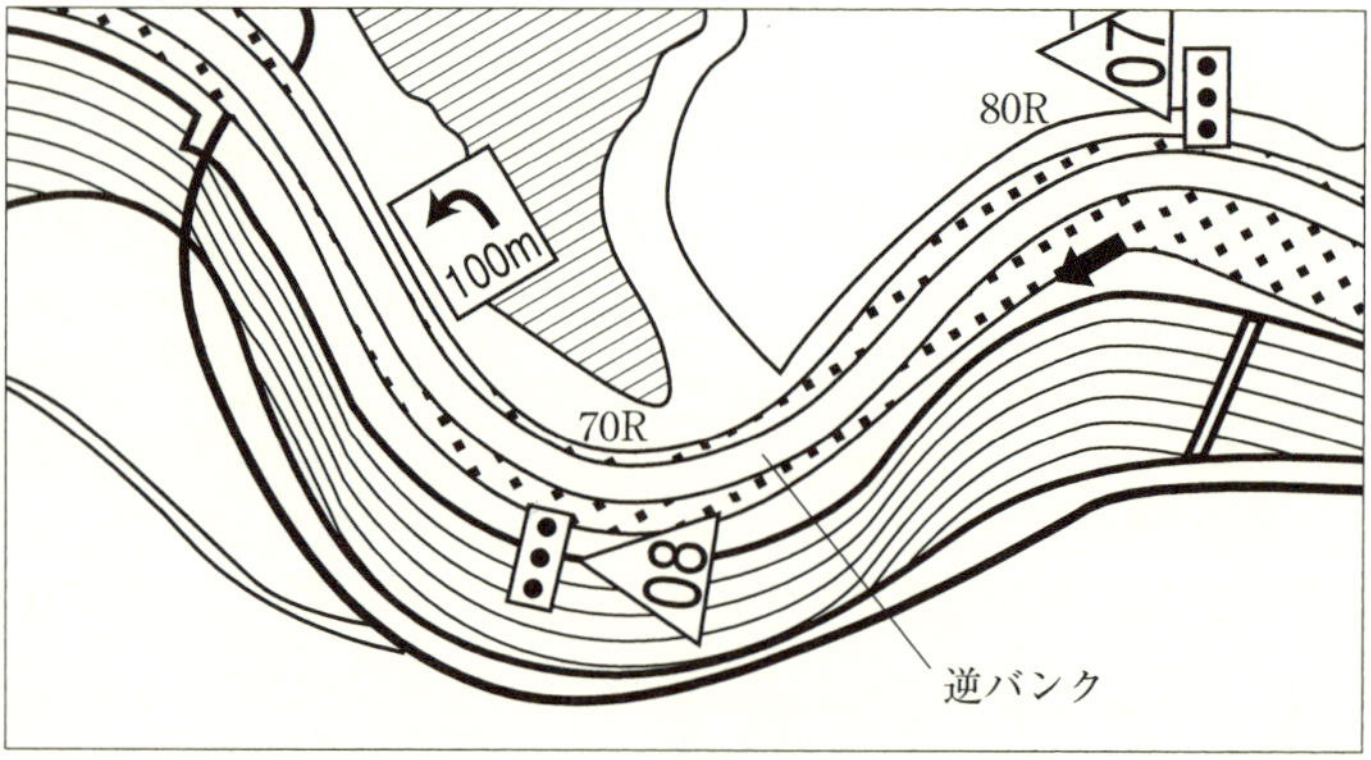

●逆バンク

Ｓ字コーナーを立ち上がるとすぐに右70Ｒの逆バンク。カントがほとんどついておらず、ここから下りになっているため、高速で進入した際、まるで逆にバンクがついているように錯覚することからこう呼ばれる。

に荷重がかかっているのだから、ステアリングを早めに戻し、リアを必要以上にリバースさせないことが肝要になる。

さらにこの逆バンクでは、クリッピング・ゾーンという概念を頭に入れて欲しい。文字通りクリッピング・ポイントとは一つの点。初心者はクリッピング・ポイントに付いたら、次にはそこを離れなくてはならないと思いこんでいるために、コースアウトすることが多い。正確にクリッピング・ポイントを定義するなら、コーナリング中、最もインに近づく場所というだけだ。いつも、ドライビング・スクールで説明しているのだが、この逆バンクの場合はクリッピング・ゾーンともいうべきインベタでしばらく走らなくてはならない区間がある。この点が鈴鹿の中でも逆バンクの特殊なところである。だから、私はここにクリッピング・ゾーンという名前を付けた。

デグナーカーブ：前後左右へのスムースな荷重変化のおさらいの場

摩擦円のギリギリを使う１００、１８０Ｒのコーナーを抜け、デグナー進入までは４速のフル加速にある。

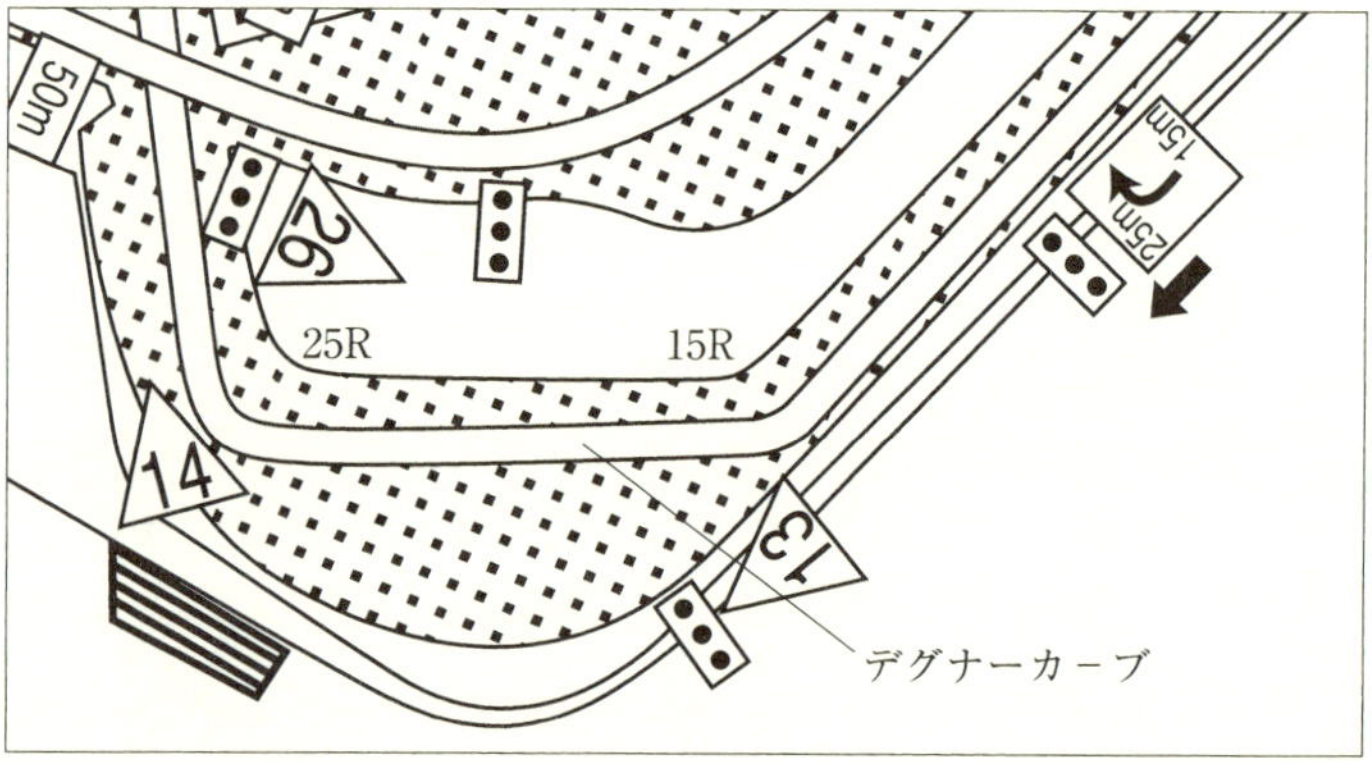

●デグナーカーブ

右15Ｒと右25Ｒの複合コーナー。1987年、Ｆ１開催へ向けての改修で現在の形状となった。名前は1962年、強風にあおられここで転倒した２輪レーサーのＥ.デグナーに由来する。当時は一つの右80Ｒで、見通しの悪いコーナーだった。

多分一・二G位はかかっているだろう。Gメーターで計測しても、絶えず一・二Gではなく一・一Gになったり一・四Gになったりするのだが、感覚的にはGメーターの値が変化しないような走りを心がける。アクセルを戻したくないのでアクセル・コントロールはできない。若干のステアリング修正で通過する左高速コーナーだ。

デグナー入り口は右コーナー。逆バンクの進入より少し直線があるというイメージで入るといいだろう。遅いクルマの場合だと直線として感じられるのだが、二八〇馬力クラスの速いクルマになるとS字の二つ目のコーナーと同様、ゆとりを持つことはできない。進入速度は時速一八〇キロほどであり、ステアリング・インフォメーションの遅れは、距離に換算して二メートルほどになっている。一瞬のニュートラルな状態をS字同様に作り出し、短い距離で減速する。4速から3速にシフトダウンする。最初の右コーナーでは3速に落としてから、むしろアクセル・ワークに移りリア荷重にして進入する。

デグナーの一つ目はイン側の縁石に積極的に乗るようにする。ここで縁石を通らないラインを取るとコーナーのRが大変小さくなるからだ。フォーミュラカーではアライメント変化が大きくなるので縁石に乗ることができないのだが、ストリートカーやホンダNSXであれば、一瞬縁石よりもさらに内側、土のところにタイヤを通すくらいでよい。

デグナー二つ目のコーナー手前で2速に減速。進入速度は時速一一〇キロほどであり、ステアリング・インフォメーションの遅れは、距離に換算して一・二二メートルほどである。つまり、一つ目に比べ二つ目では情報・操作の遅れは約半分程度となり、その意味では二つ目のコーナーはやさしい。ここでもイン側の縁石に乗る。ここはバンクが強く縁石に乗ってもイン側が高くならない。アウト側の方がまだ高い。だからストリートカーでは必ず縁石を使ってコーナリング・ラインを大きく取り、立ち上がりでフルにトラクションを得たい所だ。一方、デグナー出口外側の縁石は踏んではいけない。クルマがいちばん不安定な状態であるからだ。

もしレースの予選などで少しでも速く走りたいのなら、デグナー二つ目のコーナーでも、逆バンクでも一瞬2速を使う。ただし、2速にしたらコーナーを立ち上がる手前、縁石に乗っている間に3速にシフトアップしなければならない。荷重変動が大きくなるのと、ホンダＮＳＸでは低速でもトルクが十分あるので通常逆バンクなどは3速で走っているが、○・○一秒でも速く走りたい場合には一瞬2速を使う。『ベストモータリング』（講談社／2＆4モータリング社刊の月刊ビデオマガジン）の映像でも、同じクルマでありながら2速と3速の二つの走りが納められているはずだ。

その後の110Rは4速。ホンダＮＳＸでもそのときの気温とパワーの出方によって、3速全開で行けるときと、4速に十分入ってしまうときがある。4速のハーフアクセルで行く場合と、3速で全開で行く場合と、ちょうど微妙なところである。

ここまでの第1コーナー、第2コーナー、Ｓ字、逆バンク、デグナーまでは、摩擦円の左右、前後の目一杯を使い切ると同時に、前後さらには左右に荷重を移動させる最良の練習場となっている。生理的な意味では、高速、中速、低速時それぞれの情報伝達速度の遅れの違いを感じ取り、頭の中でそれぞれを切り替えるトレーニングの場である。

のはなし

　鈴鹿サーキットの第1コーナーではタコメーターを見ない。正確にいえば見ることができない。第1コーナー進入でのブレーキのタイミングは、タイムアタック、バトル中など、ケース・バイ・ケースで微妙に違ってくる。服部尚貴選手や高木虎之介選手は雰囲気で踏むというのだが、それでは説明が足りない。

　プロはコース上の〝何か〟を覚えているのである。何となくシミがあるとか、継ぎ目、コースサイドにある目印の草などだ。コースサイドの看板を見ることはめったにない。目線を大きく変えたくないためだ。130Rの飛び込みでは、たまたま正面に看板が見えるから目印にするだけである。プロの場合、低速コーナーの場合では1メートル、高速コーナーでも2メートルのブレーキング・ポイントの狂いはない。

　プロがタコメーターを見るのはコーナーの脱出時である。鈴鹿サーキットでは第2コーナー、デグナーの二つ目、その後はヘアピン、スプーンの立ち上がり、130Rを出たところであろう。見る意味は「速さの確認」である。鈴鹿に限らず、各サーキットでも、確実にタコメーターを見ることのできるコーナーの立ち上がりでの回転数、あるいはシフトアップ・ポイントを覚えていたい。それ以外は、タコメーターに神経を持っていかない。全神経はタイヤに集中させている。そのシフトポイントで、何回転になっているかを確認するために見るのではなく、例えば八〇〇〇回転になっているべき場所で、イメージ通りにそうなっているか否かを確認するために使っているのである。

以前『ベストモータリング』で、速さではなく設定されたタイム通りに走ることを競ったことがある。マツダ・ロードスターを使用し、筑波サーキット一周を一分一五秒ジャストで走れば勝ちというゲームである。私のタイムは一分一五秒〇〇〇。服部尚貴選手は〇・二秒の誤差で二位であった。実は簡単なのだ。本番の前にストップウォッチで計りながら二、三周の練習時間を与えられた。全開で走れば一周一分一四秒位の性能を持つクルマだから余裕があり、われわれのキャスターなら

〝タコメーターを使ったトレーニング〟

誰でも走ることのできるタイムだ。この練習で、七〇〇〇回転のシフトで走るとぴったりのタイムで走ることが確認できた。本番は七五〇〇回転がレッドゾーンのエンジンを七〇〇〇回転に抑え、その他、つまり進入のブレーキングやコーナリングは限界の走りで行った。つまりタイムを調整することをせずに走った。各コーナーで〇・一秒もずれずに、ぴったり走れればいいわけだから。例えば第1ヘアピンで〇・一秒ミスしていて、第2ヘアピンで〇・一秒稼いでというようなことはしてしない。それでは最終的に帳尻が合わなくなってくるはずだ。〇→四〇〇メートル加速テストでも経験済みだが、加速は条件が同じであれば結果はいつ

も同じである。朝と夜など、温度、湿度などで違いは出るが、同じ時間に同条件下でテストすれば動力性能は同じはずだから、タイヤがタレない限り、何度でもぴったり同じタイムになる。操作にミスがなければ、摩擦円の外側の線一本に乗る加速、減速、コーナリングを実現できればよいだけの話である。トレーニングをして欲しい理由だ。

トレーニングとは、ただ漫然と五〇〇ラップ、一〇〇〇ラップすればいいわけではない。一九六八年、富士スピードウェイができた。私たちは鈴鹿と船橋は経験していたが、富士は想像を絶する巨大なコースだった。当時のマシンは、フェアレディ2000やブルーバード1600。こんなローパワーのクルマだと、広い富士ではどの走行ラインでも、そこそこのタイムで走ることができる。そのとき、田中健二郎氏に、彼はプロゴルファーでいえば青木功氏のような大先輩であり、かつ実力を伴った存在だったのだが、「おまえら富士を一〇〇〇ラップしろ、それからものをいえ」といわれたものだ。

当時、私は若輩ではあったが日産自動車とプロとして契約をしており、鈴鹿ではフェアレディを駆っての優勝経験もあった。自尊心を傷つけられたが、今振り返ると、やっぱり凄い人だと思う。一〇〇〇ラップという数字を当時からいい当てていたのだから。

ヘアピンカーブ：姿勢が乱れやすい中での急制動

4速ハーフアクセルから、3、2速に落としてヘアピンへ入る。手前の右110Rの影響で左リアにかかっていた荷重を一気にフロントに移しながらのフルブレーキングするようなものである。大げさに表現するならS字の中でブレーキングするようなものである。失敗すると右側に巻き込みながらスピンアウトしてしまう。さらにコースをよく観察すると、ちょうどブレーキング・ポイントでカント（路面の傾斜）が捻れている。本当に鈴鹿サーキットには素直なコーナーが一つもないから面白い。

S字やデグナーの進入時よりも速度は高いのだが、確実な制動だけを考えさえすればいいという意味ではそれほど難しくはない。急激な荷重変動を極力少なくして、柔らかな荷重移動の状態でヘアピンの進入に向かいたい。

クリッピング・ポイントでの速度は時速六〇キロ程度であり、ステアリング・インフォメーションの遅れには距離に換算して六七センチ程であり、神経質になる必要はない。

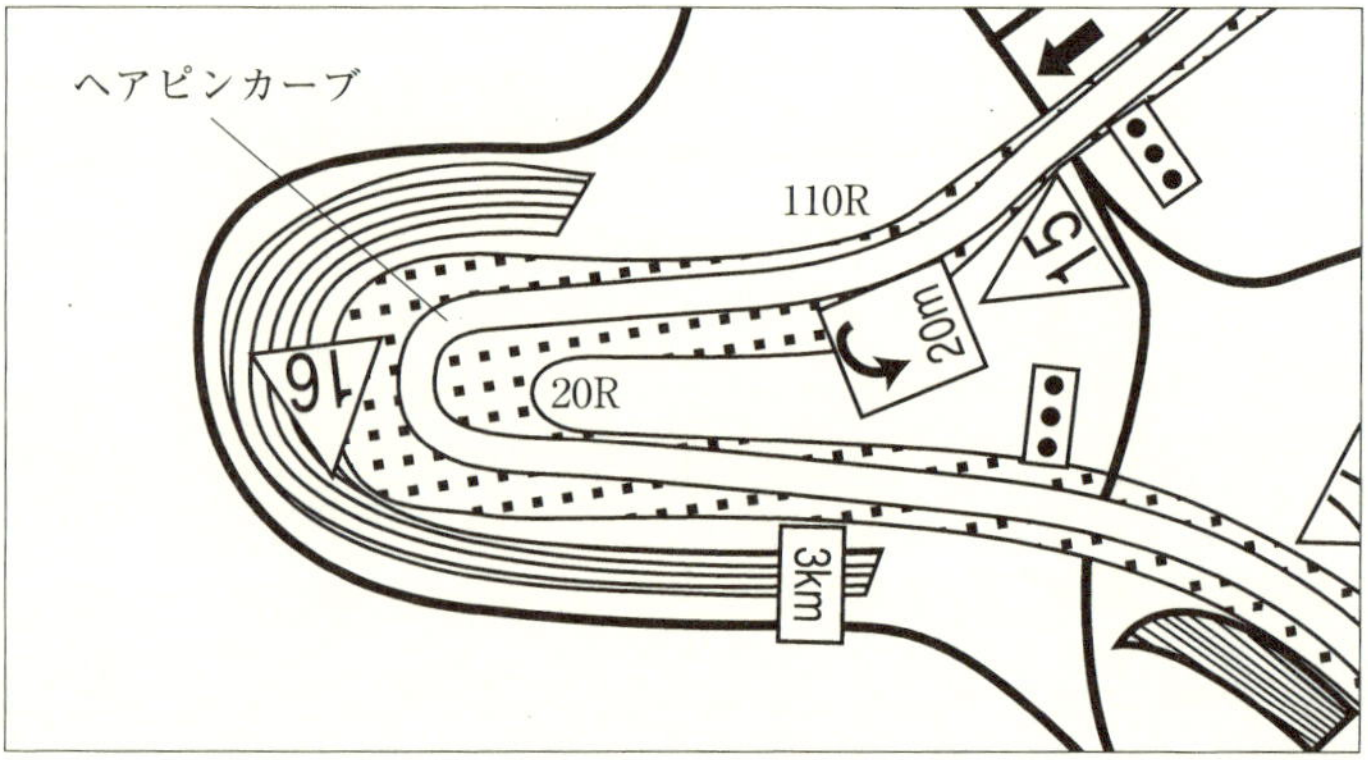

●ヘアピンカーブ

右110Rのすぐ後にある左20Rで、鈴鹿の代表的な低速コーナー。レースなどでは、進入時の攻防、立ち上がり時の加速勝負が面白い。このあとは上り勾配となるため、ヘアピンの脱出速度がその後のスピードを左右することになり、勝負を分ける大きな要因となる。

スプーンカーブ：後輪の摩擦円を頭に描く

鈴鹿一のクルマの墓場は、実はこのスプーンである。J・アレジがフェラーリを全損させたのもここだった。私が知る限りでも六〇台以上がクラッシュし、ここで消えたレーシングカーを含めたクルマの総額は天文学的な数字となるだろう。

なぜそうなるかを知ることが、ドライビング上達の近道にもなる。このコーナーは、進入速度、コーナリング速度のいずれも高い。第1、第2コーナーと比べても速度が高い。これが一つ目の理由だ。

スプーンへの進入はホンダNSXの場合では4速、時速二〇〇キロは出ている。そこからブレーキングしながら3速にシフトダウンする。

速度が高いということは、生理的にも機械的にも避けられないタイムラグがあることを思い出して欲しい。このスプーン進入時の速度を距離に換算すると二・二二メートル過去の情報を入手しているに過ぎない。こうした場合、より先を読んでいかなければ後手後手になってしまう。荷重変動を避けること、コ

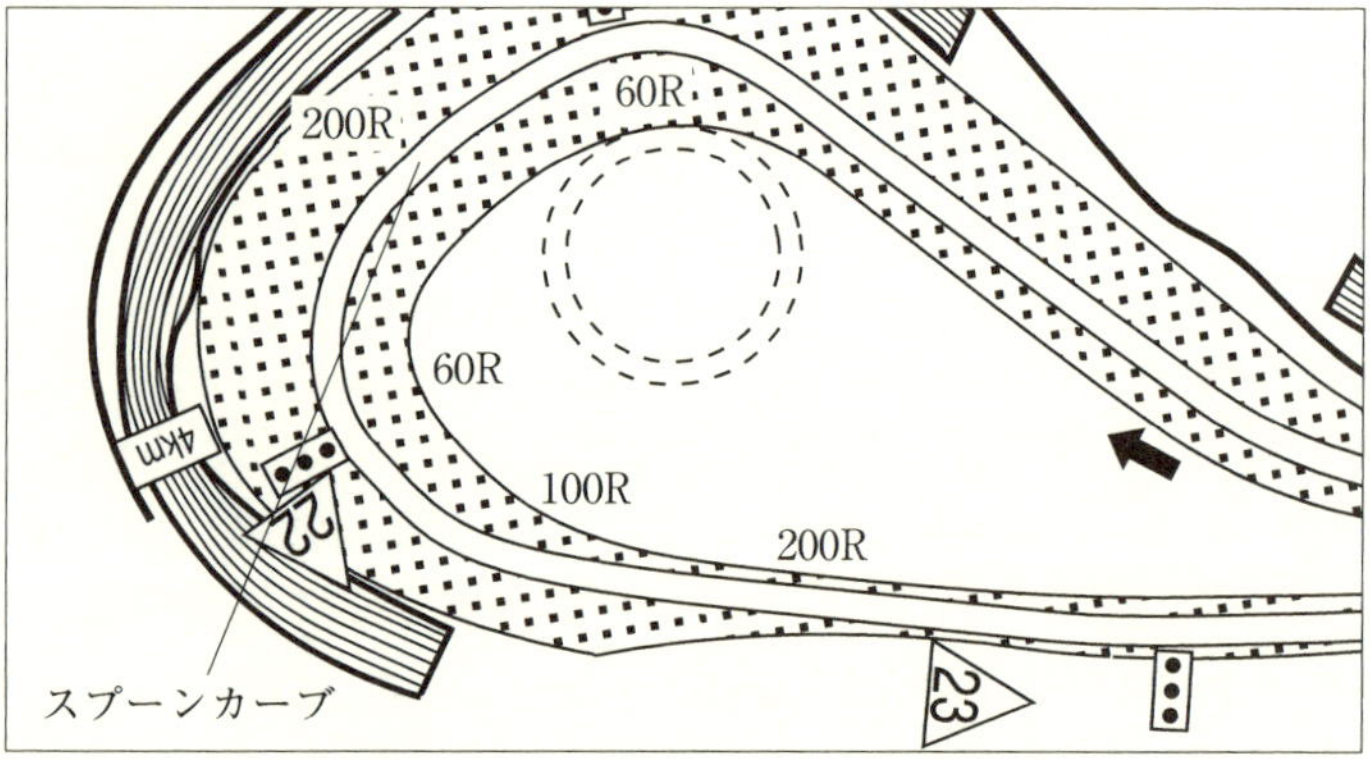

●スプーンカーブ

60R、200R、60R、100R、200R（すべて左）が、まったく直線を挟まずに連結されている複合コーナー。形が食器のスプーンに似ていることからこの名前が付いた。路面変化が大きく、全体にわたって下り勾配。立ち上がったあとは、上り勾配となる。

ーナリングGを最大点で維持すること、最小スリップ・アングルを追求すること、これらすべてを実現するには、ステアリング・インフォメーションを最大限に入手するように努力を払い、かつ情報の伝達に〇・〇四秒のタイムラグが介在していることを認識する必要がある。

二つ目の理由は、路面変化が大きいことである。確かに左右の違いがあるだけで、第1、第2コーナーと似ているように思いがちだが、実は路面状況がまったく違う。第1、第2コーナーは鈴鹿サーキットの中でも、最も路面変化が少なく、荷重変動に神経質になる必要がない。しかし、ここは雨の日などは水たまりが数多く見られるほど路面のひずみが多い。つまり路面変化による荷重変動、スリップ・アングルの変化が出てしまい、進入時のブレーキの踏力のコントロールには相当神経を使う必要がある。

特に難しいのは二つ目の左コーナーである。ここはブレーキングをしながらクリッピング・ポイントの手前からパーシャル・アクセルで進入しアウト側に膨らむ。しかも全開にする手前でアクセルを戻し姿勢を制御する必要がある。

難しい理由は二つ目のコーナーのクリッピング・ポイントから下り坂になって

いるからだ。つまり逆カントになる。

　クルマが直進状態にあるなら単なる下り坂であり、左右方向ではクルマは水平な状態にある。しかし左コーナーになっているため、クルマの右サイドが下がり、結果逆カントと同様になるのだ。逆バンクの項でも述べたが、鈴鹿サーキットに逆カントの場所はない。S字を上ってきてダンロップを過ぎたデグナー、ヘアピン、みんなカントが結構付いている。スプーンにも付いてはいるのだが、今までの中で一番少ない。むしろ逆バンクよりも少ない。ほぼフラットである。それで下りだから難しいのだ。

　スプーンを抜ければ鈴鹿で一番長いストレートである。誰しもが一刻も早く最高速度まで加速し、タイムを刻みたい。だから脱出速度をできるだけ速くしストレート速度のアップに繋げたい。しかし前荷重になり後輪の摩擦円は小さくなってグリップを失いやすい状態となっている。しかも右サイドは事実上の逆カント状態にあり、後輪左の摩擦円はさらに小さい。だからスプーン二つ目のコーナーは速く走ろうとしない方がいい。「セナ足」はできるだけ使わず、つまり荷重変動を避けつつ、アクセルはパーシャル状態から徐々に開けていき、きれいに立ち上がるようにする。そのためにはスリップ・アングルの管理、コーナリングGの管理をし、荷重を一定にするため、常に先読みに神経を集中しておく必要がある。もっとも神経を使うコーナーであり、技量が試される。

130R：情報の伝達に要するタイムラグをドライビングに包括する

バックストレッチ（西ストレート）は大げさにいえば〝く〟の字になっている。

スプーン出口の外側の縁石を踏んで立ち上がり、130Rの右のブレーキング・ポイントまでを直線で結ぶと、西コースのアプローチの少し手前あたりで、一番左側を通過する。〝真っ直ぐ走れるところは直線で結ぶ〟のが基本である。

130Rは鈴鹿サーキットで一番コーナリング速度が高いコーナーである。ホンダNSXの場合、ブレーキング・ポイントである一〇〇メートルの看板付近で時速二一〇キロ、イン側の縁石付近で時速一五〇キロ、アウト一杯にはらみきった箇所では時速一六〇キロ程度である。

距離に換算するなら、ブレーキング時には二・三三メートル、クリッピン

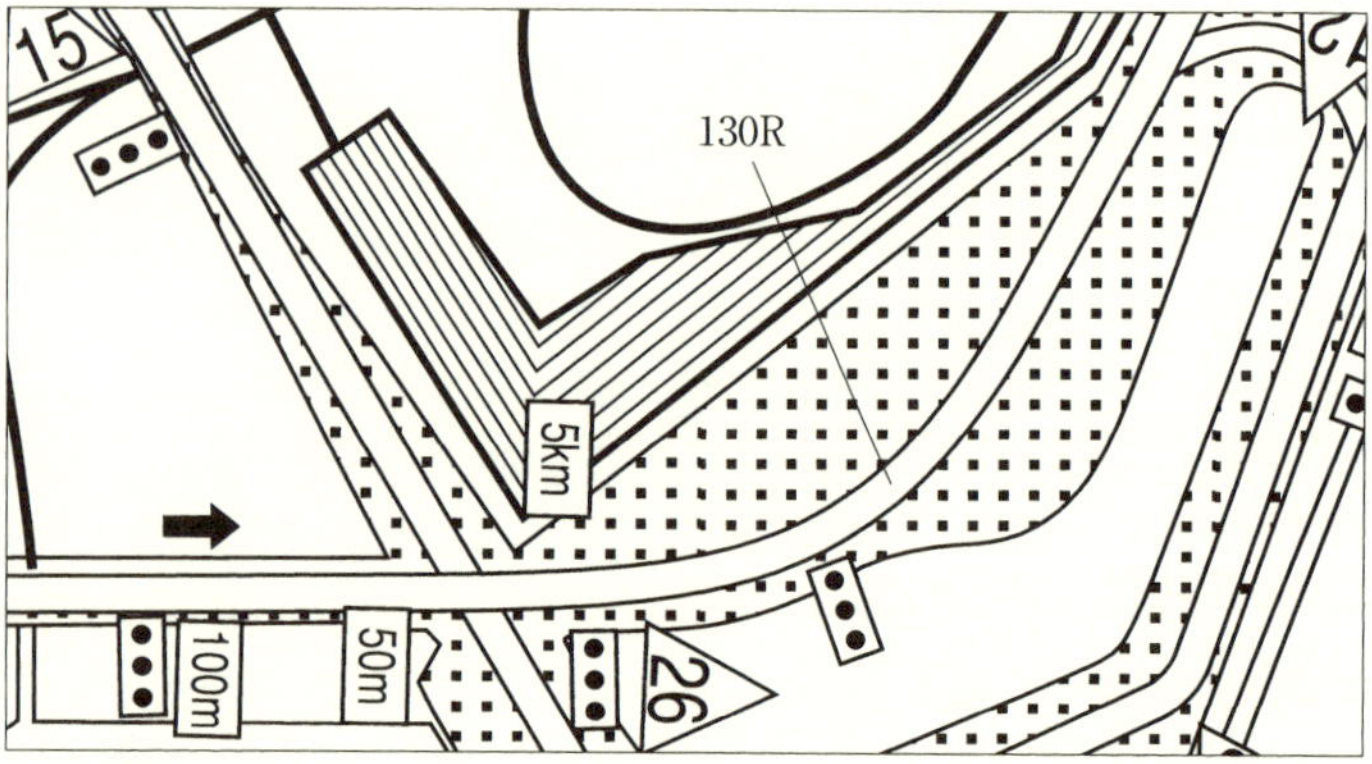

●130 R

その名の通り左130 R のコーナー。約１キロのバックストレッチのあとにあるため、Ｆ１マシンだと300km/h を超える速度でアプローチする。鈴鹿で一番速度の高いコーナーである。ここを抜けるとすぐにシケインとなる。

グ・ポイントで一・六七メートル、出口で一・七八メートル過去の情報を基本にして操作していることになる。高速時にこの誤差は重大な結果を生み出しかねない。逆に表現するなら、このタイムラグ、移動距離をドライビングの中に吸収、包括しなければならないこととなる。その方法は唯一つである。タイムラグを短縮できない以上、トレーニングによって経験値を増やし、正しい予測を身に付けるしかない。

それらを理解するなら、ここはブレーキング・ポイントと高速コーナリング時の制動とステアリング操作の〝折り合い〟をトレーニングするに最適である。

前述のように１３０Ｒのブレーキング・ポイントは一〇〇メートルの看板を過ぎたところである。この過ぎた〝ところ〟の表現が難しい。ホンダＮＳＸの場合「過ぎた、即ブレーキ！」ではなく、「過ぎたア〜、ブレーキ！」ぐらいの間が欲しい。具体的には、路面状況にもよるが、九〇メートルの手前ぐらいだろう。何度も書くが、とにかく走り込んで覚えていただくしかない。

インのクリッピング・ポイントに視線を送りながらブレーキング、縁石には軽く乗るのがいいだろう。１３０Ｒではステアリング操作をする前に減速を完了させることを基本にしなければならない。とはいいながら、ステアリング操作をする際には前荷重としたい。結果的にはブレーキングを終了し、アクセルをオフにする瞬間がステアリング操作の始まりとなる。

低速コーナーであれば奥までブレーキを使いながら入っていくべきだ。しかし、高速コーナーであるほど手前でブレーキングは終了していなければならない。理由はリアを安定させるためである。つまりタイヤの摩擦円のバランスを保つためである。130Rで蛮勇を振るってクリッピング・ポイントまでブレーキを踏み続けていたら、間違いなくコースアウトする。摩擦円の理論をもう一度思い出して欲しい。コーナリングしている時には、タイヤ性能をコーナリングだけに働かせたい。そこで減速にも使っているということは、コーナリング・フォースが減少していることを意味する。高速コーナーほどコーナリングだけにタイヤの運動性を使いたいのだ。言い換えれば、コーナリングの途中で前後の荷重変動を起こしたくないということもある。

4速で130Rを抜けると六二〇〇回転くらい。私の癖だが「ヨシッ！」と口ずさみながらタコメーターを確認する。

何度も繰り返して恐縮だが、特に130Rで気をつけなくてはならないのは、神経の情報伝達速度自体を上げることは不可能なのだから、とにかく正確な多くの情報を得る努力を心がけることだ。つまり先を読むことに傾注して走ることだろう。これは星野一義選手と話すとおもしろい。「ウン、ウン、ウーウーン、あの感じわかるでしょう」と、私にそういう擬音を交えた話し方をする。普通のドライバーに話しても絶対に理解されない。それを私も経験しているから、「ウーーーーン、ウウーン、あれだよ」と答える。それで会話が成立してしまうのだ。星野選手とだけに通用する「タイヤ語」である。

先を読むというのは訓練によるのだけれど、それを手にしたときには極めて属人的、個人的にしか表現しようのないものなのだ。

シケイン：荷重移動のためのアクセル操作

130Rを4速で抜け、そのギアのままシケインに進入を開始する。

シケイン手前では、130Rからの直線の間に速度が上がり、高速での左ヨーが発生しながらのブレーキング、そして3速、2速へシフトダウンを行わな

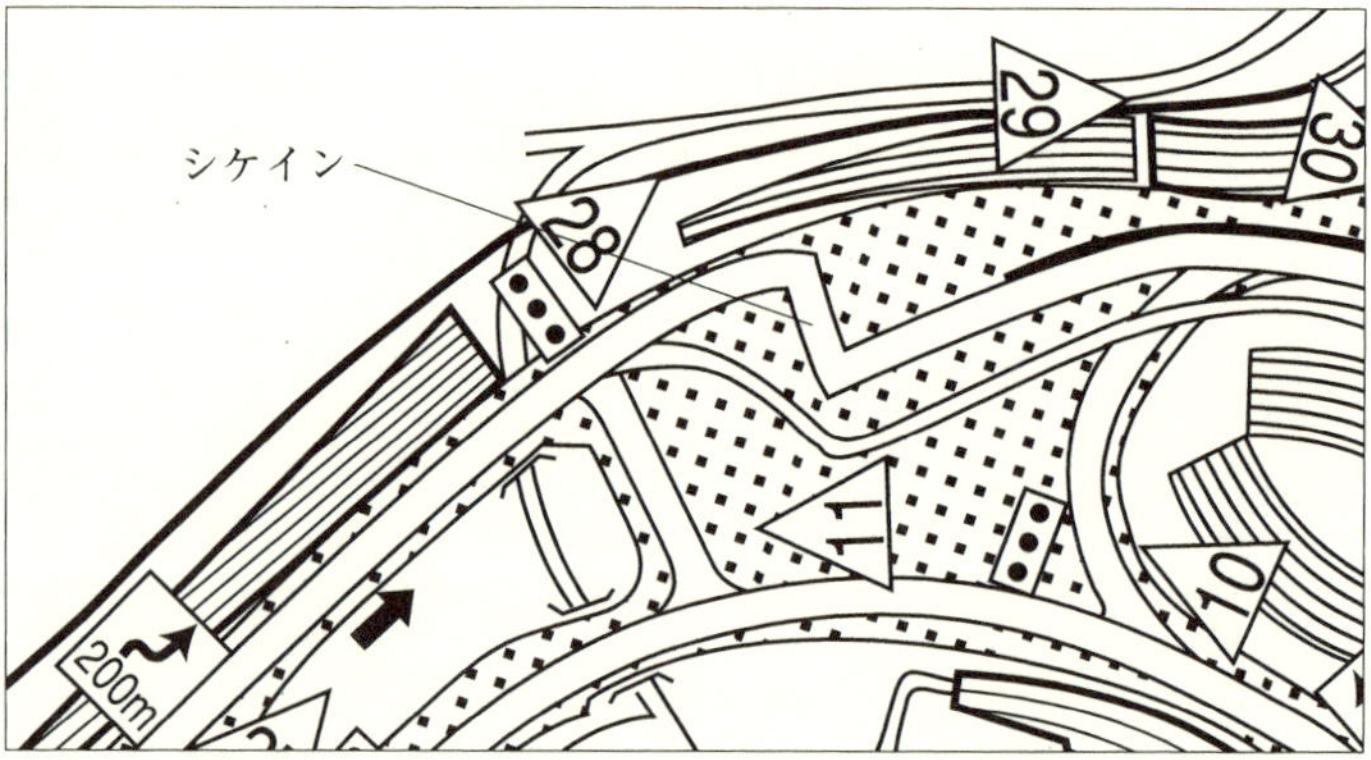

●シケイン

正式名称はカシオトライアングル。高速コーナーの130Rを立ち上がり、さらに加速したところで一気に2速までシフトダウンして進入する。鈴鹿で最も速度の落ちるコーナー。1983年の改修で、シケインが新設されるまでは、250Rの大きな最終コーナーであった。

ければならない。操舵しながらのブレーキ操作、大げさにいうなら、カウンターを当てながらブレーキングするようなものだ。一気に荷重が移るので、リアの巻き込みを発生させないステアリング操作が必要になる。この時こそ、タイヤにコーナリングと減速の二つの仕事を摩擦円のギリギリのところで行わせなくてはならない。

シケインへの進入時には、確かに右に操舵しているのだが、それをあたかもカウンターを当てるように左に戻し気味にする必要がある。リアが一気にブレークするのを防ぐのだ。鈴鹿サーキットの１１０Ｒからのへアピン進入と同じと考えてよい。

シケインの中では、一つ目の右コーナーにおいて、すでにシケイン脱出のための姿勢を考えていなければならない。一台単独で通過できる、つまり理想ラインを走行できるのなら、一つ目の右コーナーのクリッピング・ポイントについた時には、すでにアクセルを踏んでいなければならない。ブレーキは操作していない。その後、アクセルワークはパーシャルを維持し、クリッピング・ポイントを過ぎ二つ目のコーナーに向かう際にはいったん加速してから全閉となる。目的はフロント荷重にして舵角を少なくするためだ。言い換えると、二つ目の左コーナーでの舵角を少なくするために、アクセルを戻してフロントに荷重をかける。そのために一度加速するのだ。

フロントに荷重移動し、回頭性を上げたい場合には、加速を必要としないところでも一度アクセルを開ける。つまり荷重移動のためのアクセルワークである。

ドライビングでは、ある操作をしたら待っていなくてはならない時間というものがある。人間があたふたしていろいろなことをしてはいけない時間がたくさんある。

ステアリングを操舵したらそのまま待っていなくてはいけない時間がある。タイヤがより発熱し、摩擦円が大きくなってくるまで待つのだ。ブレーキも同様だ。ある踏力で踏み、ブレーキパッドが発熱し、制動性能が増えてくる時間を待たなくてはいけない。それはものすごく短い時間だ。だが、ドライビングにはそういう時間がある。ある時間待つしかないときがあるのだ。そこで不安になって何かをしてしまうと、クルマの運動性能は小さくなってしまう。

“待ち時間”のはなし

私の運転は、「速く走らせているのに操作がゆっくりですね」とよくいわれるのだが、これは何もしていない時間があるためだろう。操作が少ない、つまり余分なことをしていない。それは、私だけでなく、ドライビングを極めた人々はみんな同じである。踊りや生け花のように、たくさんの流派があるわけでもなく、これは一つの方法しかない。

待つことができず何かをしてしまうために、身体が硬くなっている人を多く見かける。待ち時間はステアリングをちょっと持っているだけ。キックバックがあるから、ある程度は握ってはいるのだが、それだけだ。腰だけは動かないようにしていればよい。何もしない、という時間が必ずあるはずなのである。

当然この時間は、ステアリング・インフォメーションからの情報を再確認する時間でもある。

筑波サーキットを走って考える、ドライビング理論

鈴鹿サーキットから遅れること八年、一九七〇年に開業したのが筑波サーキットである。「西の鈴鹿、東の筑波」と呼ばれるが、サーキットとしての特徴はまったく違う。コース全長も二キロ程度であり鈴鹿の約三分の一であるし、高速コーナーは存在しない。

鈴鹿サーキットに比較すると、総じて低速コースということもできる。ホンダＮＳＸの場合、鈴鹿一周五・八六四キロを二分三二秒程度、つまり平均速度は時速一三八・八八キロであり、筑波サーキットのそれは二・〇四五キロ（４輪の場合）、一分〇五秒、平均速度は時速一一三・二六キロとなる。鈴鹿の方が二割以上平均速度が高い。

人間の生理的理由とクルマの機械的限界による情報の伝達の遅れがある以上、筑波に比べて鈴鹿を走るのは、二割の高い速度に起因するタイムラグに対応しなければならないということだ。

筑波サーキット

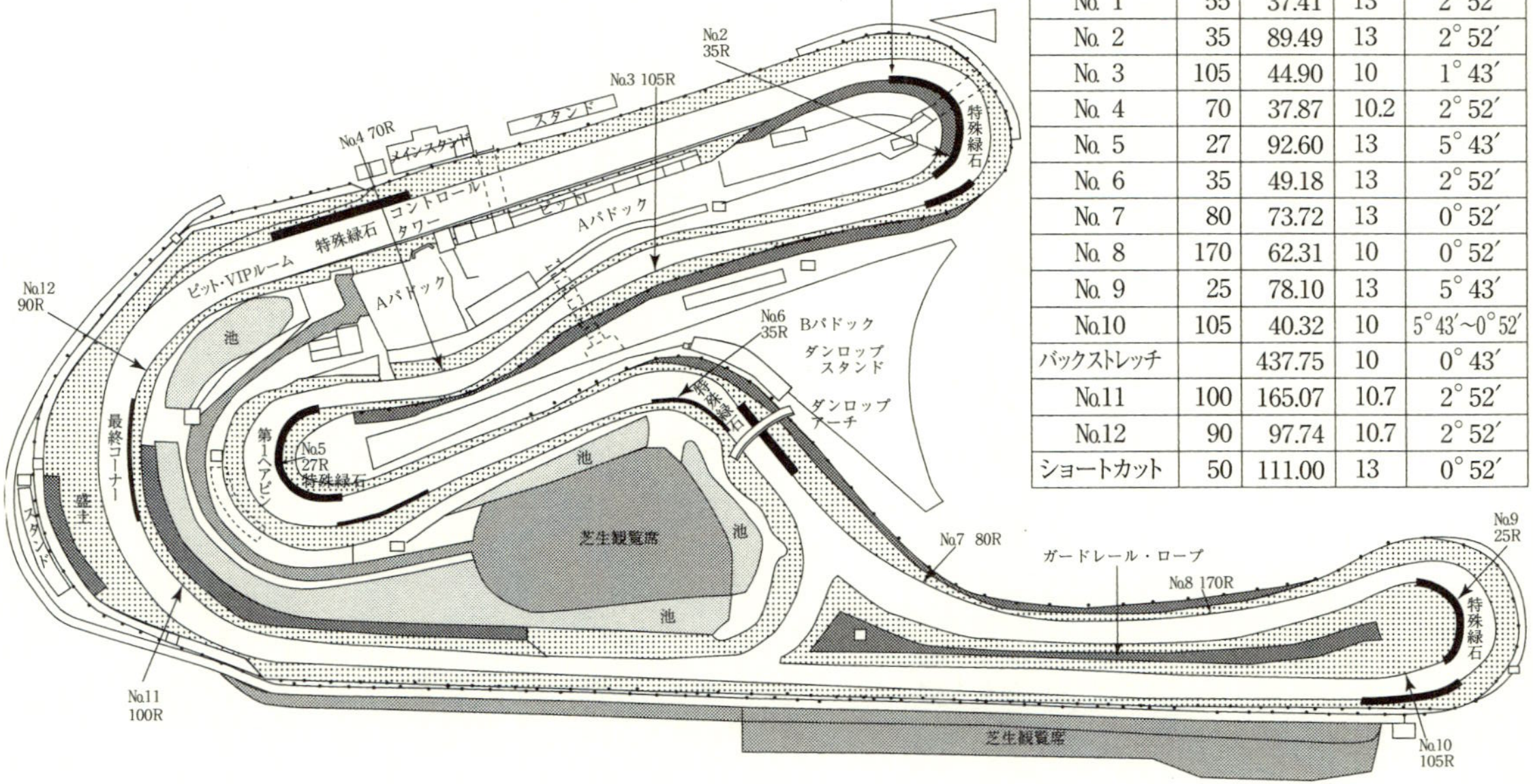

筑波サーキット各コーナーの諸値

コーナー	R	延長	舗装幅	カント
ホームストレッチ		282.00	15	0°52′
No. 1	55	37.41	13	2°52′
No. 2	35	89.49	13	2°52′
No. 3	105	44.90	10	1°43′
No. 4	70	37.87	10.2	2°52′
No. 5	27	92.60	13	5°43′
No. 6	35	49.18	13	2°52′
No. 7	80	73.72	13	0°52′
No. 8	170	62.31	10	0°52′
No. 9	25	78.10	13	5°43′
No.10	105	40.32	10	5°43′~0°52′
バックストレッチ		437.75	10	0°43′
No.11	100	165.07	10.7	2°52′
No.12	90	97.74	10.7	2°52′
ショートカット	50	111.00	13	0°52′

しかし、筑波サーキットはつまらないコースでは決してない。特にこれからドライビングをマスターしよう、したいと考えている方々には、絶対速度が低いだけに〝安全〟であるし、瞬間瞬間のタイヤの動きに集中するといった面では、かえって好都合かも知れない。この筑波では、第1ヘアピン、ダンロップ下、最終コーナーを教材として取り上げてみたい。

第1ヘアピン：基本のドライビングスキルをアップするに絶好

緩い左、右のS字を下って進入する27Rの左コーナーである。ギアレシオの高いクルマで3速、低いクルマだと4速で進入し、2速にシフトダウンする。

進入時には荷重の管理が重要になる。前述のように緩いながらも左、右、左と旋回しなければならないので、左右への荷重変動に神経を払う必要がある。特に速いクルマの場合は、いきなりインに飛び込むラインで進入せざるを得ないのでリアのスタビリティが失われやすい。しかし、低速のコーナーなので、極論すればジムカーナでターンするようなイメージでクリアすればよいだろう。ロック寸前のブレーキングで進入し、しっかり前輪に荷重をかけてフロント右

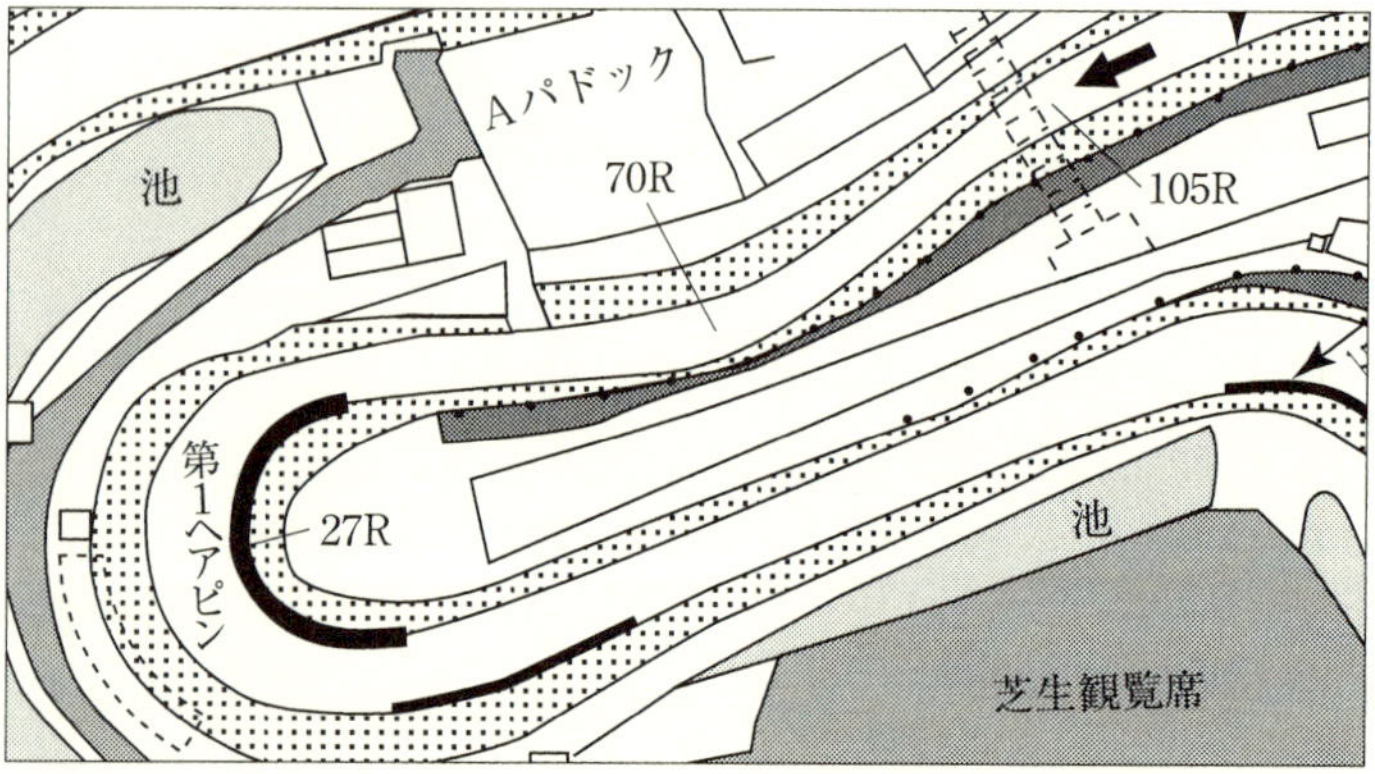

●第１ヘアピン

左105Ｒ、右70Ｒに続く左27Ｒのヘアピンカーブ。ここは結構カントがついており、立ち上がり後は少し上り勾配になっている。

名前が示すとおり、もう一つ第２ヘアピンと呼ばれる25Ｒと105Ｒで構成されるヘアピンがある。

の摩擦円を大きくし、その時のタイヤの運動性能をフルに使い切るのである。

いかに綺麗にアプローチできるかが勝負である。入ってからは普通に出て行くだけで、鈴鹿の１３０Ｒのような高速コーナーなどと違い、情報を感じ、次の操作をするまでに発生する〝ずれ〟は極めて少ない。コーナリング速度は時速五〇キロ程度であるから、距離に換算しても五五センチ程度であり、鈴鹿のメートル単位の誤差とは雲泥の差である。先を読む必要がない分、フロントのブレーキ性、接地性に可能なだけ神経を集中してアプローチすることができるし、感覚的には瞬時の情報入手・操作に近くなる。

決して難しいコーナーではないが、摩擦円を理解するには格好のコーナーである。タイヤの性能を摩擦円の中で使い切る。つまり、駆動あるいは制動という前後方向、そしてコーナリングという左右方向にいかに分配するかが大切だが、このコーナーでは速度が低い分、「情報の遅れ」の点は忘れてもいい。荷重変動を避け、最短の距離で十分な減速をし、アンダーステアを消す、このトレーニングには最適のコーナーの一つである。

筑波のダンロップ下を抜け80Ｒの左コーナーの立ち上がり。ここでは手前のダンロップコーナーで発生した左へのヨーを早く消すという、荷重の管理が必要になってくる。ここでの脱出スピードの違いが、第２ヘアピンまでのタイムに大きく響いてしまう。
(写真提供：ベストモータリング)

ダンロップ下：スリップ・アングルを小さく、左右ヨーをいかに滑らかに移すか

右35Rそして左80Rの複合コーナーである。進入の右コーナーよりも脱出の左コーナーが重要になる。この先の第2へアピンまでのタイムに大きく関係するからだ。

というのも、コーナー脱出時に発生したGを残したまま次のコーナーに侵入することは、FF車ではアンダーステアの状態であり、さらにステアリングを切り増さなければならず、駆動にタイヤの力を使うことができない。FR車のオーバーステアでも同じである。後輪がドリフト状態ではやはり駆動力は生かされない。

これをスリップ・アングルに置き換えて考えてみたい。

アンダーステアのFF車なら、スリップ・アングルを小さくしてアクセルを開けたい。オーバーステアのFR車の後輪はドリフト時大きなスリップ・アングルがついてしまっており、トラクションをかけられる状態にはない。トラクションをかけるためには、FF車なら前輪、FR車なら後輪のスリップ・アン

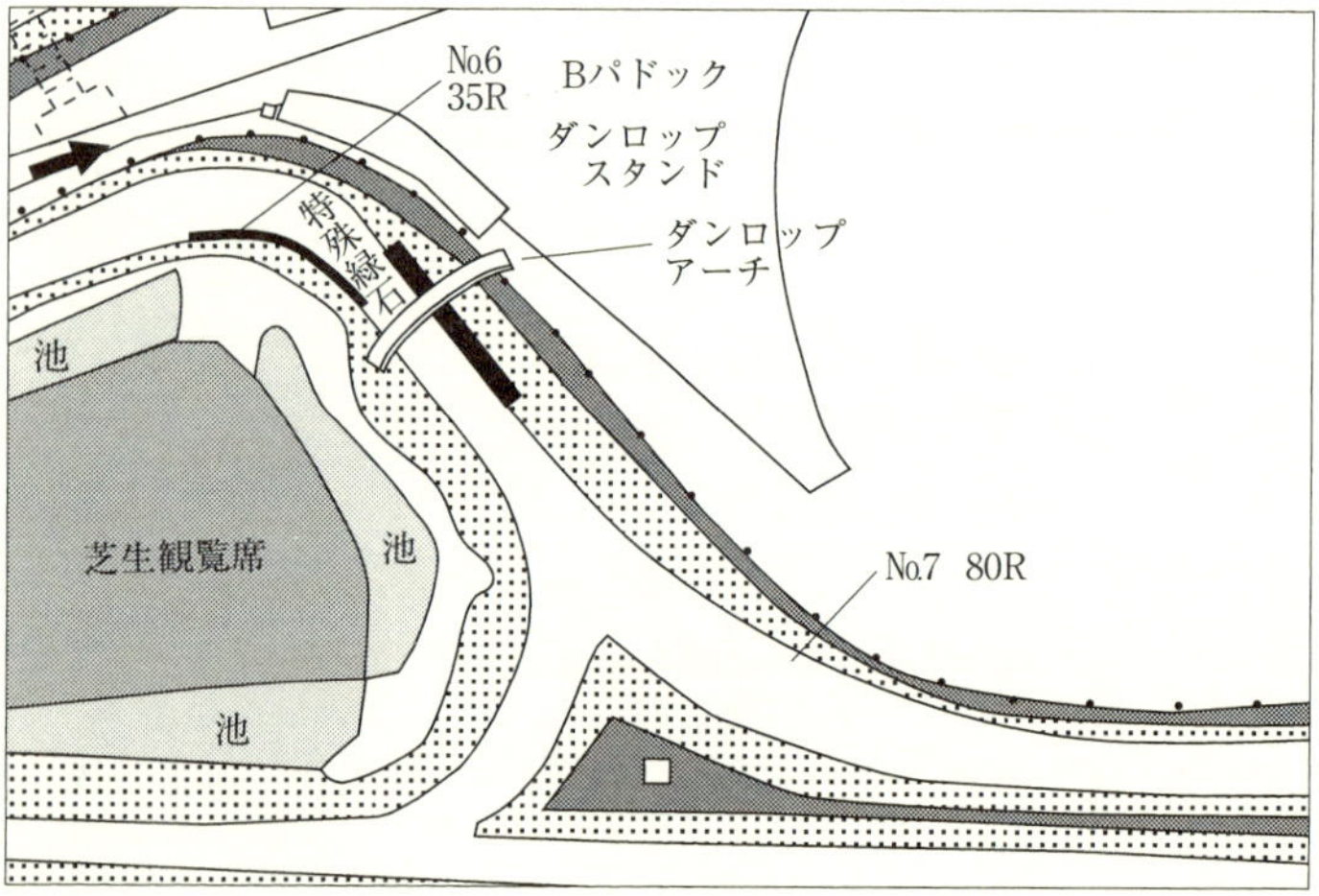

●ダンロップ下

第１ヘアピンの次のコーナー。右35Ｒのダンロップコーナーと左80Ｒの間に、ダンロップアーチがあるのでこう呼ばれている。

ダンロップコーナー進入は、少し上り勾配になっている。

グルを小さくしておかなければならないことを理解できるだろうか。

スリップ・アングルを小さく保ち、左右のヨーをいかに早く滑らかに移すかのトレーニングには最適のコーナーである。

最終コーナー：荷重の管理の教材

進入１００R、脱出９０Rのコーナー。

一分一三秒程度のクルマであれば、アクセルはほとんど全開、進入時に少しアクセルを戻し前荷重として旋回性能を上げる。ブレーキはほとんど使わない。アンダーステアのクルマなら、少し早めに縁石に寄りながらスリップ・アングルが大きくなっても、フロントタイヤを発熱させて立ち上がる。

ホンダＮＳＸの場合、時速一八〇キロから減速し、クリップでは一二〇キロ、脱出時では一三〇キロ程度である。ちょうど鈴鹿サーキットのＳ字と同様の速度である。複合コーナーではないのでＳ字ほどの困難さはないが、筑波の中では一番の高速コーナーであるため、より先を読む必要がある。とにかくコーナリング中に荷重変動を起こさず、スリップ・アングルを一定に保っていくのが

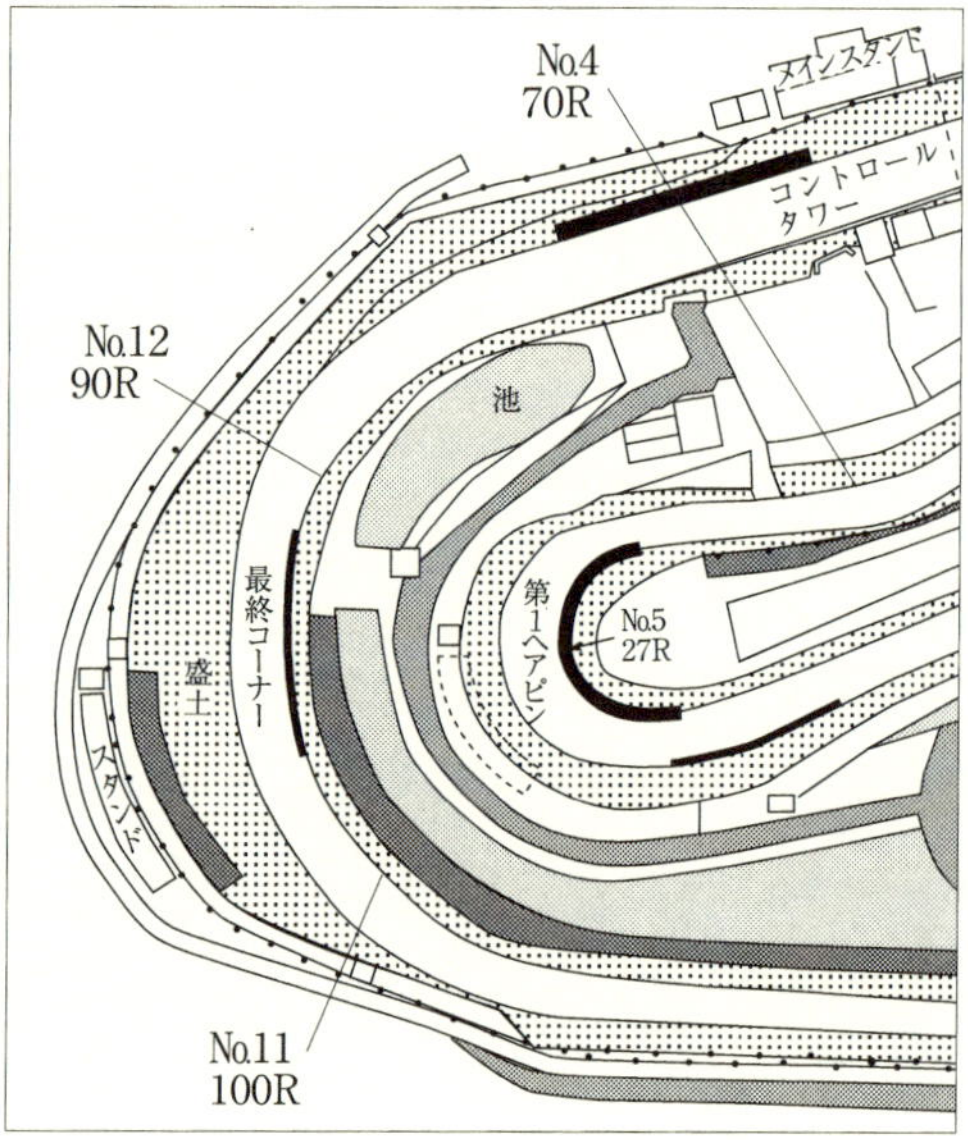

●最終コーナー

440メートル程の一番長いストレートの後にあり、筑波サーキットで一番スピードが速いコーナー。進入が右100Rで、途中から右90Rとなる複合コーナーで、このあとに、また、ストレートが控えている。

ポイント。鈴鹿の１３０Ｒなどと比べればレベル的には低いが、情報伝達のタイムラグを意識し、目線をより先へ先へ、持っていく練習に適している。鈴鹿や他の高速サーキットに〝続く〟コーナーである。

以上、鈴鹿サーキットと筑波サーキットの代表的なポイントでの操作とその目的を述べてきた。精神論だけの〝乾坤一擲〟の走りなどは存在しない。

どんなコーナーだろうが、細かく区切ると理想的な走行方法は一つなのだ。それを理解し手中にするには、ドライビング時における情報の伝達速度の制約に起因するタイムラグを意識し、荷重移動、摩擦円に代表される「理屈」を理解し、トレーニングによって自分のものとする必要がある。これは決してサーキットの走行という、非日常的なシチュエーションだけで求められるものではなく、日常の走行においても重要なことである。

サーキット・ビギナーに共通する誤り

ドライビング・レッスンの講師を務めていることはすでに記した。例えばブリヂストンの「ポテンザ・ドライビング・レッスン」では、ドライビングの基礎知識を講義で学び終え、サーキット走行を繰り返し経験しているクラスと、初めてサーキット走行を体験するクラス、これらを合わせ一〇〇人近くが毎回参加してくれる。このビギナークラスは、既に高速走行のイロハを身につけた人々と、それこそまったくの〝素人〟に大別される。

ここで取り上げたいのは、このまったくの〝素人〟である。サーキット走行、つまり曖昧さが許されない高速走行において、彼らのこれまでの運転経験値はまったく役にたたない。極論するなら、ブレーキをどこから踏み始め、踏み続け、どこでシフトダウンし、どこからアクセルを再び開けるかがまったく理解できないのだ。走行前の「座学」において、基本的なブレーキをはじめとする操作方法、そしてコーナリングの考え方や、ヒール&トウの話も一応はしている。しかし、いったんサーキット上に出るとそれらは何の用もなさないようだ。そのような方々には、恐怖を感じる前に制動、減速行為を行うように指導している。

実は、「ポテンザ・ドライビング・レッスン」では、いきなりサーキット走行を体験させているわけではない。前述の「座学」に続き、理想的なコーナリング・ラインの取り方、フルブレーキングを安全な場所で数度にわたり経験してもらっている。鈴鹿サーキットでの開催の場合は、本コースでの走行前に南コースにおいてそれらを実施している。そして著名なレーシング・ドライバーによる、マンツーマンの指導を済ませている。

その準備段階において、彼らは判で押したように同様の間違いをする。ライン取りの際のミスは、アウトインアウトに代表されるライン取りを、コーナーすべてを俯瞰して考えないことだ。手前の数コーナーに神経を払いすぎ、最も大切な直線に続く最後のコーナーでは姿勢を乱してしまっており、加速状況に入ることができない。

フルブレーキングにおいては、これをすることができない。最大に制動力を発揮できるところまで、まずブレーキを強く踏めない。徐々に踏み込み、その間の数メートル以上を空走している。せっかく最大制動を発揮できるところまで踏み込んでも、いったんブレーキを緩めてしまう。

私自身はサーキット走行をスポーツとして楽しみ、また条件が揃うならレース活動をやはり趣味として楽しんで欲しいと常々思っている。モータリゼーションの健全な発展の一つの道だと考えるからだ。つくづくイギリスの各地で日曜日に開催される「サンデー・レース」に参加する「ドライバー」達がうらやましいと思っている。参加することにより、消費者としてのクルマの評価・選択基準が磨かれ、交通事故減少に直結するドライビング・スキルの底上げになると思うからだ。そんな中で、世界に通用する一流ドライバーも生まれてくるだろう。しかし、現在の日本の運転技量の未熟さは「運転後進国」と誹られても否定できないものだ。

なぜそうなのか。現実的な運転教習を受ける機会が少ないのが最大の理由だと考えている。免許を取得すれば高速道路上では時速一〇〇キロで、現実的にはそれ以上で走る権利を誰でもが持つ。しかし、その速度からの急制動あるいは障害物の回避行動を、実際にパニック状態にいたる前に経験している人が何人いるのだろうか。速く泳ぐことを教えても、実際に水難事故に遭ったときのために、服を着た状態でプールに入れることのない水泳教室と同じではないか。「ポテンザ・ドライビング・レッスン」の参加者も、一時間近いサーキット走行の中で、徐々に制動距離を短くしていく。これは決して蛮勇を振るうことを学んだのではなく、クルマの絶対的性能を理解するのと、無駄な操作をなくすという学習の結果である。もちろんスピンをしクルマを壊す方もおられる。しかしそんな経験を通じて、クルマの最終的な挙動を初めて知り、またクラッシュに繋がらないような操作も体験する。

人間には生理的な抑制機能が備わっている、と専門医から聞いたことがある。この抑制機能は、始めは弱いものの、だんだんと強くなるものらしい。言葉を換えれば、「まあ大丈夫だろう」から「ここまでは大丈夫」という確信に近づくことだ。まったくのビギナーのサーキット走行タイムは、始めは非常にばらつくものの、徐々にそのクルマの限界に近づき、各人のタイム差は目に見えて縮まる。経験が深まるという表現もできるが、ミートポイントを学ぶ、つまり抑制機能が強まり、危険判断が各人各様であったものが、一つの解に収束するともいえよう。

ライン取り、フルブレーキングに代表されるテクニックは、サーキット上においてのみ重要なものではない。荷重変動を抑え、荷重移動を積極的に利用する走りも同様だ。

本書は、スポーツ・ドライビングの書として発行したが、それは限られた趣味人だけを対象にしたいのではなく、万人にとって、その目的が違っていても参考にしていただければ幸いだと思っている。

用語解説

（本文中に傍線で示している）

フォーミュラ・ニッポン
〈Formula NIPPON〉 p.9

一九九六年から行われているレースで、正式名称は全日本選手権フォーミュラ・ニッポン。名実ともに国内のトップカテゴリーである。一九九六年に国際F３０００規則が改定され、コスト面、安全面を優先したワンメイク・レースに移行した。そこで日本では国内独自のF３０００規定を設け「フォーミュラ・ニッポン」として開催することとなった。二〇〇〇年シリーズは、国内五つのサーキット、全一〇戦で争われており、ドライバーには高木虎之介、服部尚貴、山本哲、野田秀樹、脇阪寿一と、若手実力者が名を連ね、監督には中嶋悟、星野一義、鈴木亜久里と、こちらも超が付く一流ドライバーが顔を揃える。使用される車両は、レイナード、Gフォース、2社のシャシーに、排気量三〇〇〇cc（九〇〇〇rpmでの規制あり）のエンジン。タイヤはブリヂストンのワンメイクである。

CARTレース
〈Championship Auto Racing Teams〉 p.9

アメリカを代表するフォーミュラカーのレース。発祥は一九〇九年に開催された「インディ５００」に遡る。年間二〇戦で、近年になってからはオーストラリア、ブラジルそして日本（茂木・栃木県）などでも開催されるようになった。楕円コース（オーバル・コース）では時速二〇〇マイル（時速三二〇キロ）以上の超高速のバトルが繰り広げられる。

フォーミュラ１（Ｆ１）と主な規格を比較すると、左表のようになる。

	ＣＡＲＴ	Ｆ１
エンジン排気量	二六五〇ｃｃまで	三〇〇〇ｃｃまで
過給器	可	不可
エンジン気筒数	Ｖ８まで	Ｖ10まで
燃料	メタノール	ガソリン
シャシー	既存シャシーの購入	チーム毎の独自開発
タイヤ	スリック	グルーブ（溝）有り

（2000年現在）

エンジンはアメリカ人好みのＶ８であり、現在はホンダ、トヨタ、メルセデス、フォードが供給、アメリカ市場における自動車の販売台数をかけた争いとなっている。タイヤはブリヂストン傘下のファイアストンが独占供給している。

ＣＡＲＴでは燃料補給後、給油口に液体をかけているが、あれは水。メタノールは水で消火できるためだが、炎が見えないので、万が一のために散水している。このメタノールはガソリンより低公害であるが、燃焼して得られる熱量がガソリンの約半分であり燃費は悪い。現在は一ガロンで一・八五マイル（約〇・七八六キロ／リットル）以上の燃費規制が設けられている。

アメリカらしく、楽しいレース観戦を目的に、ショーアップされている面が多い。例えばＦ１にも導入されたペースカー。アクシデントが起きると、オフィシャルカーがコース上に入る。これによりそれまでのリードはふいになり、あらためてコンペティションが再開される。

私の長男、黒沢琢弥も二〇〇〇年シーズンから参戦している。

ダウンフォース
〈down force〉 p. 9

クルマを下向きに押さえつける力のこと。

クルマは、サスペンションシステムやその取り付け方などで、ダウンフォースが効くようにできている。これをメカニカル・ダウンフォースと呼ぶ。

一方、空気抵抗を利用したダウンフォースを得る方法がある。フォーミュラカーのようにフロントやリアにウイングを付け、その角度、形状、サイズ、取付位置などでダウンフォースの量を調整している。飛行機が飛行する原理の逆を考えていただければ理解しやすい。ウイングの角度を立てればダウンフォースが強くなり、タイヤの接地性は向上するが、その分空気抵抗が大きくなるので、最高速は伸びず、加速も悪くなる。

アンダーステア（US）
〈under steer〉
オーバーステア（OS）
〈over steer〉 p. 22

クルマのコーナリング特性をあらわす用語。総称して「ステア特性」と呼び、アンダーステア、オーバーステア、ニュートラルステアの三つに分けられる。正確に表現するなら、アンダーステアは「コーナリング中、フロントタイヤのスリップ・アングルがリアのそれより大きくなること」であり、その逆がオーバーステア、同一なのがニュートラルステアである。と表現すると難解に聞こえるが、読者の中には、自分の想定しているコーナリング・ラインよりも、クルマがコーナーの外側方向へはらんでしまい、冷や汗をかかれた経験がある方も少なくないと思う。それがまさしくアンダーステアである。コーナリング中、ステアリングを切ってもどんどん回転半径が大きくなり、曲がりきれない状態を示すのがアンダーステアである。
一方、オーバーステアは、クルマのテールが外に出ていき、回転半径が小さくなることを示す。最終的にはスピンにも繋がる。

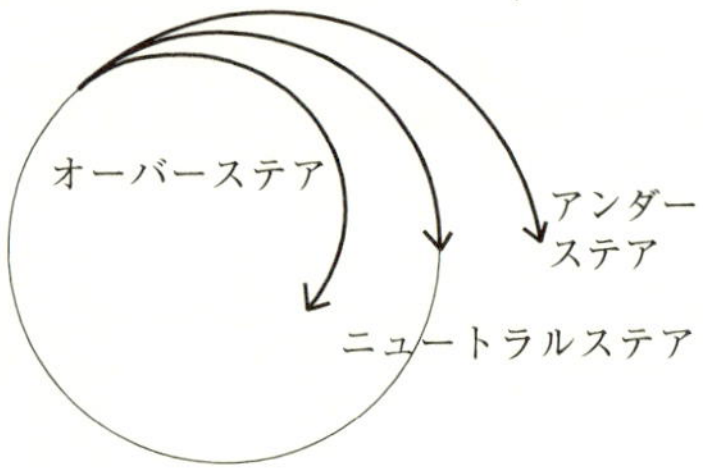

「アンダー（ステア）を消すために前荷重にする……」という表現は、クルマの前輪に荷重を移すことによって、前輪の摩擦円を大きくし、逆に後輪の摩擦円を小さくすることを意味する。これによって、前輪はしっかり路面を掴むが、後輪はグリップを失いやすくなり、結果回転半径を小さくすることができる。

サスペンションのラバーブッシュ

〈rubber bush〉　p. 26

サスペンションを構成するアームの結合部には、このラバーブッシュが使用されている。振動や衝撃を緩和するのが主目的である。材質が柔らかなラバーのため緩衝能力は高くなり、乗り心地はよりマイルドになる。その反面、柔らかいほどラバーブッシュ自体によじれや潰れが起こり、結合部が自由に動く〝あそび〟が発生する。この〝あそび〟が大きいとステアリング操作やブレーキ操作に対して、反応の鈍いクルマになる。本文にあるように、4輪それぞれの〝あそび〟が大きいと、極論するなら4輪がバラバラな方向を向きながら走行することになる。

この4輪の〝あそび〟の程度を数値で表したのがサスペンション・コンプライアンス〈suspension compliance〉。前後コンプライアンス、左右コンプライアンスなどと表現され、サスペンションに一キロｆの力を加えたときに何ミリ動くかで表す。

バネ・ダンパー

〈damper〉 p. 26

タイヤ・ホイールとボディを繋ぐサスペンションの中核をなす部品。スプリング（バネ）は縮めると反動で伸びようとし、伸ばすと縮もうとする。バネ秤を思い出して欲しい。バネ秤に重りをぶら下げると、しばらく上下に目盛りが振れ、だんだんと収束していく。クルマに使われているコイル・スプリングもそれと同じ現象を示す。例えば、ブレーキを踏んでフロントのバネが縮まると、次に起こるのはバネが伸びようとする動き。縮めれば縮めるほど伸びる力は大きくなり、一気に伸びようとする。ということは、ブレーキを踏むとフロント部分が上下動を繰り返してしまう。これではクルマは走れない。そこでダンパーの登場である。ダンパーはスプリングの伸び縮みの動きを抑え、一気に伸びないようにコントロールする働きを担当している。クルマが跳ねないのはもちろん、縮んだバネがダンパーの作用で一気に伸びずにじわじわと伸びようとするので、タイヤを適切に路面に押しつけておける。また、路面の凸凹による衝撃を吸収したり、急で大きな衝撃を和らげる作用も持つ。ダンパーはこのように衝撃を緩和する作用を持つため、ショックアブソーバー（shock absorber／衝撃の吸収）とも呼ばれる。

サスペンション・アクスル・コンプリート〈suspension axle complete〉 p. 26

コイルスプリング、ショックアブソーバー（ダンパー）、各種アーム類など、サスペンションを構成しているすべての部品の総称。

フォーミュラカー〈formula car〉 p. 27

ＦＩＡ（世界自動車連盟）の規定＝「フォーミュラ」に合致した、タイヤに覆いのない単座席レーシングカーを示す。細かい規定で分類されており、有名な「Ｆ１」は「フォーミュラ１」に分類されるクルマで争われるレースなのでそう呼ばれる。

カーボン〈carbon〉 p. 27

ここでのカーボンは、カーボンＦＲＰ（炭素繊維強化樹脂）〈carbon fiberglass reinforced plastics〉のことで、軽くて強い材質。繊維を特殊接着剤で重ね貼りしたものを釜で焼き、その熱で変化、硬化させる。レーシングカーのモノコックはこの素材で作られている。

カウンターステア〈counter steer〉 p. 30

左（右）コーナーを曲がるのにステアリングを右（左）に切ることを指す。進行方向と逆（カウンター）にステアリングを操作することによる命名。俗称、逆ハン（ドル）。

例えば、左コーナーでオーバーステアが出たとする。放置すればクルマのフロント部が左に巻き込んだスピンの状態に陥る。これを解消するため右にステアリングを切る操作を示す。難解なプロのテクニックのように思われるだろうが、誰でもが自然に行っていることでもある。直進しているとき、横風や路面の凸凹でクルマが左を向けば、誰もが右にステアリングを切って元の進路に戻そうとする。この行為の延長線にあるのがカウンターステアである。ドリフト走行の項参照。

サスペンション・コンプライアンス
〈suspension compliance〉 p. 32

ラバーブッシュの項参照。

スローイン・ファストアウト
〈slow in fast out〉 p. 41

コーナリングの基本とされる走り方で、手前で十分に減速、ステアリングとアクセルの操作で曲がり、立ち上がりで素早く加速する。安全・確実にタイムアップできるといわれてきた走行法。

本書で取り上げているのは、さらに一歩進んだ走行法で、いうならばファストイン・ファストアウト。減速のためのブレーキと、クルマの向きを変えるためのブレーキをきっちりと使い分け、車速を保ったまま高速で立ち上がる走行法である。進入時、クルマの向きをブレーキングで変えるということは、タイヤ（特に後輪）のスクラブ抵抗を増大させることによる減速も同時に行えるため、スローイン・ファストアウトの時と比べ、減速のためのブレーキが短く（少なく）てすむ。また、回転数の落ち込みも最小限に抑えられる。立ち上がり時には、クルマの向きがすでに変わっているので、摩擦円理論でも分かる通り、多くのタイヤ機能を加速に使えるだけでなく、回転数が落ちていないので、クルマの加速能力自体も高い。

エンジンブレーキ

〈engine brake〉 p. 43

アクセルを戻したときに、徐々に速度が落ちていくのは体験的にご存知であろう。まさしくそれがエンジンブレーキであり、回転数が高ければ高いほど強く効く。エンジン内部の様々な抵抗が駆動系に対してブレーキとして働くために起こる現象で、クラッチを切れば全く効かなくなる。ロータリーエンジンや、2サイクルエンジン搭載車のエンジンブレーキがあまり効かないのは、エンジン自体の抵抗力が小さいためで、逆に吹け上がりがよいのもこれに起因する。

トー・イン〈toe-in〉 p. 48

クルマを上から見たとき、左右のタイヤの前端が、クルマの前後方向に対して内側を向いている状態。人間にたとえれば内股といったところ。ちなみに「toe」＝（つま先）の意。スキーの滑り方にボーゲンがあるが、まさにあれはトー・インである。

トー・インに調整されているクルマの直進安定性が良いのは体験的にお分かり頂ける。スキーをされない読者は、プラモデルのクルマの前輪をトー・インに調整して（加工が必要ではあるが）後ろから押すのと、トー・アウト〈toe-out〉（トー・インの逆で、外側に向けること）に調整して後ろから押す実験をしていただければ、容易にお分かりいただける。

テールスライド
〈tail slide〉 p. 48

クルマのテール、つまり後輪が横滑りしている状態をいう。

クリアラップ
〈clear lap〉 p. 50

タイムアタックなどで、他のクルマなどに邪魔をされず、自分の理想とするラインを全力で走行できるラップのこと。限られた時間の中でタイヤを発熱させ、路面状況を把握し、かつ、他のクルマに進路をふさがれずにタイムを出すのはかなり困難である。テレビのレース予選中継で、各チームがピットアウトのタイミングを計っているのは、クリアラップをとりたいがためなのである。

アライメント〈alignment〉 p. 50

タイヤ・ホイールが車体に対してどのように取り付けられているかを示す値。主たる目的は直進時やコーナリング時の安定性の確保である。

次の四つの値でアライメントは調整される。

・キャスター角
・キャンバー角
・トー角
・キングピン傾角

アライメント調整が狂ってくると、タイヤが片減りしたり、ブレーキング時にハンドルを取られたり、直進安定性が失われたりする。

タイヤの熱ダレ p. 50

タイヤの表面温度が高くなりすぎ、グリップ力が落ちた状態を〝タイヤがタレている〟という。ピット作業で、タイヤ表面に棒のようなものを当てているのを見たことがあると思うが、あれはタイヤの表面温度を測り、データを取っているのである。そのデータを基にサスペンションのセッティングを行ったり、タイヤの開発に使用したりする。

余談ではあるが、タイヤ自体の温度が上がると内部の空気の温度も上がり、適正な空気圧を超えてしまう。これを避けるために、レースでは、空気より熱膨張率が小さく、かつ軽量な窒素ガスを使用することが多い。

富士グランチャンピオン・シリーズ〈Fuji Grand Champion Series〉 p. 58

F2規定のフォーミュラカーに、フルカウルをつけたような戦闘力の高いマシンで、一九七一～一九八九年まで行われていたレース。星野一義、高橋国光、松本恵二、中嶋悟、関谷正徳……、名を挙げればきりがない。名だたる日本のプロドライバーが参戦していた。後年には富士スピードウェイ以外でも行われた。

クリッピング・ポイント〈clipping point〉 p. 75

最速（理想）のコーナリング・ラインを取るとき、コーナーの内側に最も近づくべき場所のこと。「clip」＝（端を削り取る）の意ではあるが、コーナーのコースの内側ギリギリとは限らず、コース幅の真ん中あたりにクリッピング・ポイントがある場合も少なくない。また、コーナーによってはポイントではなくゾーンとしてとらえるべき場合もある（例：鈴鹿サーキットの逆バンク本文参照）。最速のコーナリング・ラインを理解しなければ、クリッピング・ポイントを意識する意味がない。

ステアバランス〈steer balance〉 p. 82

そのクルマの曲がりやすさを表現する言葉。曲がりやすいクルマは「ステアバランスがよい」といえる。曲がりやすさとは、ステアリング特性も含め、微妙な左右の切れ方の違いや、前後の重量バランス、および前後の接地性バランスなどによって性格付けられた、そのクルマ固有の操縦性の良さのこと。

コーナリング・フォース〈cornering force〉 p. 86

本文中では「タイヤの摩擦抵抗力」の意味で使用している。念のため、正確な説明を記す。図は、右コーナリング中のフロントタイヤを上から見た模式図である。

タイヤの接地面における抵抗力（求心力）のうち、クルマの進行方向に対して、九〇度で交わる方向の分力をコーナリング・フォース、同様にタイヤの中心線に対する分力をサイド・フォースと呼び、ドライバーは、慣性力、遠心力、駆動力、制動力等と、この各フォースをバランスさせて走行している。その情報源は、も

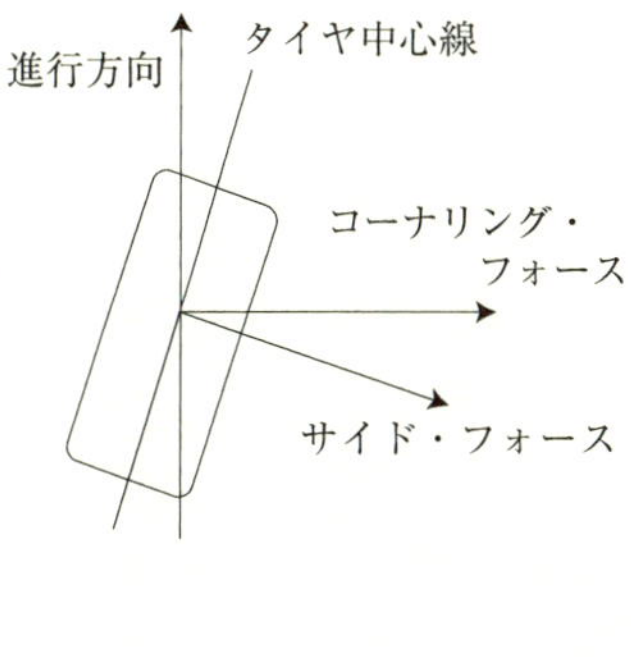

ちろんステアリング・インフォメーションである。

ドリフト〈drift〉 p. 87

意識的にタイヤを横滑りさせ、ステアリングやアクセルでその滑りをコントロールする走行法。コーナリング中の不必要なタイヤのスライドは、コーナリング速度をどんどん遅くするが、全く滑らせないのでは本文にもあるとおり理想的ではない。オフロードを除けば、適当な滑りをコントロールし、必要以上に滑らせないのが一番速い。

ベストモータリング〈Best Mortoring〉 p. 101

講談社と2&4モータリング社の共同発行で毎月発行されているビデオマガジン。新型車のチェック、サーキット走行のツボなどを、一流レーシング・ドライバー達が分かりやすく紹介している。毎号巻末のサーキットバトルは見もの。私も顧問を務めている。

ヨー〈yaw〉 p. 115

本文が意味しているのは、右側に荷重が残っている状態である。正しくはヨーイング〈yawing〉と表現すべきで、クルマの重心を通る鉛直線を軸としたクルマの回転運動を示す言葉。クルマが直進方向に対しどの程度左右に回転しているかを示す。正確な表現をするなら、「クルマのフロントが左へ向こうとする傾向が残っている」と少々小難しい表現となる。最近はこの「ヨー」をコントロールする技術が開発されており、コーナリング性能を向上させたクルマが登場してきている。

ジムカーナ

〈gymkhana〉 p. 123

閉鎖された舗装スペースに、任意にパイロンなどの障害物を置き、一台ずつ走行してタイムを競う競技。ちなみに未舗装路で競うのはダートトライアルである。スラローム走行や、パイロンの周囲を急旋回したりする。

サンデー・レース

〈Sunday race〉 p. 134

本文にもあるように、イギリスやアメリカではサンデー・レースが、毎週のように行われている。野球で言えば「草野球」、大工仕事で言えば「日曜大工」、気軽に仲間たちと楽しめる「草レース」といったところ。日本ではまだ少ないが、車両規定を詳細に規定し、クラス分けをするなど、大規模に行われている草レースも少なくはないので、自動車雑誌、インターネットのホームページなどで調べて、どんどん参加してみてはいかがだろうか。意外と身近なところで行われているはずである。

あとがき

クルマの運転は極めて動的な行為である。これを文字という静的な手段で表現したい、と思い始めたのはいつ頃だったのだろうか。

現役のレーシング・ドライバーであった時代にはその必要がなかった。結果として速ければよく、そのバックグラウンドにあるものを体系化することよりも、より速くなることに集中していればよかったからだ。

タイヤの開発やジャーナリストとして様々なクルマに乗るようになっても、理論化の必要性はまだ稀薄だったように思う。ドライビングがテーマではなく、タイヤ、クルマを語ることを求められたからだろう。

『ベストモータリング』『ポテンザ・ドライビング・レッスン』『NSXオーナーズミーティング』など、クルマを愛する一般の人々との出会いが決定的な理由であった。彼らとは主としてサーキットをフィールドとして、それこそ持てるモノをすべて出し合って付き合ったつもりだ。言葉で語り、走りを見、また見せ、時には助手席に座ってもらい、運転の楽しさ、難しさ、怖さを伝えた。そこで身にしみて理解したのは、理屈とトレーニングがまさに表裏一体であるということだ。

いかに情熱を持ち、ドライビングのトレーニングをしたとしても必ず〝壁〟に突き当たる。一方、ドライビングのメカニズムを理屈で理解しても絵に描いた餅であるし、上達に要する時間は膨大で、かつその間にはリスクが伴う。

近年、クルマをめぐる社会環境は厳しさを増している。ましてや「速く走ろう」などというコンセプトは社会悪とさえされる可能性がある。しかし、それは人間が人間であることの否定につながろう。クルマは人間あるいは社会が生み出し、育ててきたものだ。その進歩の過程で「速さ」はもっとも重視されてきたものの一つである。それを頭ごなしに否定することは、今我々が持つ文明、それを支える技術、科学を否定することであろう。

否定した結果の新たな地平が展望できるのならそれも良かろう。しかし少なくとも私にはその能力がない。私が望むのは、ビューティフルな運転をすることだ。それは安全に直結するし、人生を豊かにすると確信している。

今でも忘れられない言葉がある。友人の徳大寺有恒氏から聞いたものだ。あるF1ドライバーが「男としてメイクラブとドライビングの下手な男になりたくない……」と語ったそうである。最高の名文句であり、頭から離れない。今の私なら「人生最後のベッドに入るまでドライビングシートに座っていたい」である。

クルマを愛するなら「かっこよく走らせよう」ではないか。その情熱があるならドライビング・スキルを一段上げようではないか。誰もがプロドライバーになるわけではない。が、ドライビングのスキルが一段上がると、そこには素晴らしい世界が見えてくる。その世界を経験するまでのプロセスもまた楽しいものである。

そして私自身も「ドライビングの楽しさ」をより多くの人たちに伝え、またコンフォートなクルマ作りのアドバイスや、ドラバビリティに優れたタイヤの開発に一層の努力を傾注したいと考えている。本書だけでなく、ビギナーからプロドライバーまで、様々な方々と様々な場所で「ドライビング論」を交わし、クルマ談義に花を咲かせたいとも思っている。

最後に、本書を上梓するまでに多くの方々に大変お世話になった。本田技術研究所やブリヂストンの方々、NSXのオーナーの皆さん、特に東京女子医科大学脳神経外科の川崎嶺夫先生、また編集にあたっては井村寿人氏、正岡貞雄氏、山本亨氏、そして本物の「本」に書き上げるためには株式会社アイメックスの山森茂氏、井村朋子氏、徳田佳晴氏の大きな力が必要だった。

お世話になった皆さますべてのお名前をここに書けないのは残念であるが本書を借りて厚くお礼したい。

二〇〇〇年八月

黒沢　元治

著者略歴

1940年　兵庫県生まれ。

２輪レースを経て、65年に日産のドライバー・オーディションに合格して、４輪に転向。69年の日本グランプリでは日産Ｒ382を駆り、720キロもの長丁場をひとりで走りきり優勝。その後、73年の日本グランプリではマーチ722/ＢＭＷで優勝を飾るなどＦ2000の全日本チャンピオンに輝く。同年にはヨーロッパＦ２にも遠征出場し、ファステストラップを記録するなど速さを見せつけた。優れたセッティング能力と抜群のドライビング・センスはヨーロッパでも有名になり、Ｆ１チームからオファーが来るほどだった。その後、レースでケガを負ってからは、モータージャーナリストに転向。『ベストカー』を中心に執筆活動を開始、特に豊富な経験を持つハード面から独特の視点に定評がある。現在は、月刊カー・ビデオ・マガジン「ベストモータリング」にて独自のクルマ評論と華麗なドライビング・テクニックを披露している。83年からはブリヂストンのテクニカル・アドバイザーとして契約。ポルシェ959のタイヤ開発、ポテンザなど世界的にも認められたスポーツタイヤを次々に世に送り出している。日本カー・オブ・ザ・イヤー選考委員。

ドライビング・メカニズム
運転の「上手」「ヘタ」を科学する

2000年９月10日　第１版第１刷発行
2025年５月10日　第１版第13刷発行

著　者　黒《くろ》　沢《さわ》　元《もと》　治《はる》

発行者　井　村　寿　人

発行所　株式会社　勁《けい》　草《そう》　書　房

112-0005　東京都文京区水道2-1-1　振替　00150-2-175253
（編集）電話　03-3815-5277／FAX　03-3814-6968
（営業）電話　03-3814-6861／FAX　03-3814-6854
港北メディアサービス・松岳社

ISBN978-4-326-65242-6　Printed in Japan